时间之书

余世存说二十四节气

余世存——著

天津出版传媒集团
天津古籍出版社

果麦文化 出品

果麦文化 出品

自序

行夏之时——关于二十四节气

借助于技术的加持，人类知识正在大规模地下移。孔子没注意到技术、文明平台演进的意义，他的“唯上知与下愚不移”看似有理，其实则误。在权力独大之前，知识也曾散布于人类每一个个体那里，由其自信自觉地发明、发现，“三代以上，人人皆知天文”即言此象；后来，权力绝地天通，民众既不能看天，也无在大地上自由迁徙行走的权利，知识由权威发布，万众只有深入学习的义务了。

关于节气、天文历法等知识也是这样为权力、少数人垄断。无论是在乡村还是城市，知道时间，懂得天时、农时、子时、午时及其意义的人并不多。直到民国年间，“教育部中央观象台”还要每年制定历书。到了20世纪80年代，挂历、台历等市场化力量打破了权力的垄断。今天，每个人都知道如何问时、调时、定时了。

我们的知识史带来的负面作用至今没有得到有效的清理，对很多现象、习俗、知识，我们知其然不知其所以然，知其有而不知其万有。节气，这一传统中国最广为人知的生活和文明现象，不仅民众日用而不知，就是才子学者也少有知道其功能意义的。今天的人们在 0 和 1 组成的移动互联网上已经往而难返，熟视而无知无识，很少有人深入到时和空组成的坐标上认清自己的位置，更少有人去辨析时和空各种切己的意义。

时空并非均匀。一旦时分两仪四象，如春夏秋冬，我们必然知道自己在春天生发、走出户外，在冬天宅藏，在秋天收敛，在夏天成长。尽管圣贤对时间有着平等心，在“初日分”“中日分”“后日分”能以等身布施，但朝乾夕惕仍有分别。王阳明甚至发现了时间与世界的关联：“人一日间，古今世界都经过一番，只是人不见耳。夜气清明时，无视无听，无思无作，淡然平怀，就是羲皇世界。平旦时，神清气朗，雍雍穆穆，就是尧舜世界。日中以前，礼仪交会，气象秩然，就是三代世界。日中以后，神气渐昏，往来杂扰，就是春秋战国世界。渐渐昏夜，万物寝息，景象寂寥，就是人消物尽的世界。”

在传统社会那样一个以农立国的时代，时间远非生长、收藏那样简单，更非王公贵族、精英大人、游手好闲者那样

“优游卒岁”。先民在劳作中，渐渐明白时间的重要，一年之计在于春，一日之计在于晨。传统农民没有时间观念，尤其没有现代的时间意识，但他们不仅随着四季的歌喉作息，而且分辨得出一年中七十二种以上的物候迁移。“我看见好的雨落在秧田里，我就赞美，看见石头无知无识，我就默默流泪。”这样的诗不是农民的。农民对自然、鸟兽虫鱼有着天然的一体缘分感，如东风、温风、凉风、天寒地冻、雷电虹霓；如草木、群岛、桃树、桐树、桑树、菊花、苦菜；如鸿雁、燕子、喜鹊、野鸡、老虎、豺狼、寒号鸟、布谷鸟、伯劳鸟、反舌鸟、苍鹰、萤火虫、蟋蟀、螳螂、蚕、鹿、蝉，等等。农民是其中的一员。

农民明白粗放与精细劳动之间的区别，明白农作物有收成多少之别，播种也并非简单地栽下，而分选种、育种和栽种等步骤。农民中国的意义在今天仍难完全为人理解，中国农民参与生成了对人类农业影响极为深远的水稻土。一百亩小麦可以承载的人口是多少呢？二十五人左右。一百亩玉米可以承载的人口大概是五十人，一百亩水稻可以承载的人口则是二百人左右。在农民这个职业上，中国（包括东亚）农民做到了极致。一个英国农学家在19世纪初写的调查报告中认为，东方农民对土地的利用达到艺术级，一英亩土地可以养活比在英国多六倍的人口，套种、燃料、食物利用、施肥循环、土壤保护，都非常了不起……所有这些，与农民对时间的认知精细有关系。

二十四节气是中国文明的独特贡献。农民借助于节气，将一年定格到耕种、施肥、灌溉、收割等农作物生长、收藏的循环体系之中，将时间和生产、生活定格到人与天道相印相应乃至合一的状态。“日出而作，日入而息。”“君子以向晦入宴息。”生产生活有时，人生社会有节，人身人性有气，节气不仅自成时间坐标，也演化成气节，提醒人生百年，需要有精神，有守有为。孔子像农民那样观察到“岁寒，然后知松柏之后凋也”。他为此引申“三军可夺帅也，匹夫不可夺志也”，“志士仁人，无求生以害仁，有杀身以成仁”。

可以说，中国源远流长的精神气节，源头正是时间中的节气。从节气到气节，仍是今天人们生存的重要问题：我们是否把握了时间的节气？我们是否把握了人生的节点？是否在回望来路时无愧于自己守住了天地人生的气节？如果诚实地面对自己，我们应该承认，我们跟天地自然隔绝了，当代人为社会、技术一类的事物裹挟，对生物世界、天时地利等失去了感觉，几乎无知于道法自然的本质，从而也多失去先人那样的精神，更不用说气节了。

但在传统社会，人们对天地时空的感受是细腻的。时间从农民那里转移，抽象升华，为圣贤才士深究研思，既是获得人生社会幸福的源泉，也是获得意义的源泉。时间有得时、顺时、逆时、失时之别，人需要顺时、得时，也可以逆时而动，但不能失时。先哲们一旦理解了时间的多维类型，他们对时间的认知不免带有强烈的感情，读先哲书，处处可见他们对天人相印的感叹："豫之时义大矣哉！""随之时义大矣哉！""遁之时义大矣哉！"这就是顺时。"革之时大矣哉！""解之时大矣哉！""颐之时大矣哉！"这就是得时。人们的时间感出现了紊乱、社会的时间意识发生了混乱，圣贤或帝王们就会改元、改年号，以调时定时、统一思想意识。而在这所有的时间种类里，跟天地自然合拍的时间最宜于人。今天的城里人虽然作息无节制、不规律，但他们到乡野休整一两天，其生物钟即调回自然时间，重获时间的节律和精气神。自然，历代的诗人学者都在节气里吟诗作赋，他们以天地节气丰富了汉语的表达空间，也以汉语印证了天地节气的真实不虚和不可思议。

一个太阳周期若分为春、夏、秋、冬四象，一年就有四象时空，如分成八卦八节，一年就有八种时空，我们能够理解，太极分得越细，每一时空的功能就越具体，意义就越明确。这也是二十四节气不仅与农民有关，也与城里人有关，更与精英大人物有关的原因。在二十四维时间里，每一维时间都对其中的生命和人提出了要求。一个人了解太阳到了南半球再北返回来，就知道此时北半球的生命一阳来复，不能任意妄为，“出入无疾”；一个人深入体悟这一时空的逻辑，就明白天地之心的深长意味。而我们如果了解到雨水来临，就知道农民和生物界不仅“遇雨则吉”，而且都在思患预防。我们了解到大暑期间河水、井水浑浊，天热防暑，需要有人有公益心，此一时空要义不仅在于消夏和获得降温、纳凉、防暑一类的物资，更在于提高公共认同，“劳民劝相”。二十四节气时间，每一时间都是人的行动指南，冬至来临，君子以见天地之心；雨水来临，君子以思患预防；大暑来临，君子以劳民劝相。

我当初写节气由“不明觉厉”到后来逐渐明白时空意义，经历了对历史叙事、审美叙事乃至善的叙事的温习。节气不仅跟农民、农业有关，不仅跟养生有关，也跟我们每个人对生命、自然、人生、宇宙的感受和认知有关。普通人只有了解节气的诸多含义，才能理解天人关系，才能提醒自己在人生百年中的地位。在小寒节气时需要有经纶意识，在大寒节气时需要修省自己，在立秋时需要有谋划意识，在秋分时要理解遁世无闷……古人把五天称为“微”，把十五天称为“著”，五天多又称为“一候”，十五天则是一节气，见微知著，跟观候知节一样，是先民立身处世的准则，也是他们安身立命的参照。

我意识到，时空的本质一直在那里，只不过，历史故事也好，诗人的才思也好，只是从各方面来说明它们，强化它们。有些时空的本质仍需要我们不断地温故知新。在写作这篇小文时，重读书稿，发现仍有若干材料没有加入。如六月芒种节气，时间要求人们非礼勿履，我对此的解释过于直硬，其实如附会农村人生活，当让人惊叹其中的巧合。芒种节气里农作物成熟了，一些见邻起意的人，尤其是那些不劳想获的二流子们，经过麦田时，会低头假装倒一下鞋子里的渣土，实则顺手偷几把麦子……故正派人经过别人家的农田，都不会低头整理鞋子，以免误会，这就是"非礼勿履"了。这样的现象，今人固然可以理解成传统农村社会物资短缺所致，但是，经过瓜果农田，今人顺手牵羊的行为并不少。西哲奥古斯丁少年时就偷过邻居家的梨，奥古斯丁没有放过自己，他一生思考的起点即是这一事件，他的结论不是现象层面的非礼勿履，而是深刻地检讨人的罪性。可见，时间给予人们丰富的意义，由古今中外的历史和现实组成的意义仍在不断地生成之中。

在事物成熟的时间里展示了人性的原罪，这样的现象在我们的文化中也可思可考，如“气人有，笑人无”“见不得别人好”“围堵某个经济起飞的国家”等。本书里收录了中国人“至于八月有凶”“南征吉”的说法，都是夏秋之际作物成熟引来邻人、邻村、邻国的觊觎，书中就收录了郑国军队到天子眼皮子底下抢割周天子粮食的事件。事实上，人与时间的关系确实可以观察人的性情道理，也可以看出一个人、一个族群的状态。真正有操守气节的态度是：“人之有技，若己有之；人之彦圣，其心好之。”

作为“圣之时者”，孔子深刻地理解到时间之于国家、社会的重要性，他在回答为邦之道时就说过：“行夏之时，乘殷之辂，服周之冕。”夏时即是阴阳合历的农历，夏时的重要在于它见万物之生以为四时之始，孔子自己的话是“吾得夏时焉”，“而说者以为谓夏小正之属，盖取其时之正与其令之善。”这就是说节气时间不仅正确，它对人间、人身、人生的规定性也是善意的。有些王朝不以夏时为准，而从十一月，甚至十月为时间起点，“时间开始了”，事实上不仅扰乱了天时、农时，也使人找不到北，因失时而失去人生的坐标。孔子看到了，正确地调时、定时，能够使天下钦若昊天，因为时各有宪。每一维度的时间都有其“宪法”，有其至高无上的规定性。在全球化时代，孔子的“行夏之时”之说，就是采用公历时间，享用各国产品，保留中国元素，怀抱人类情怀。

遗憾的是，如前所述，关于节气一类的知识曾经为少数人垄断。巫师、王室、日者、传天数者、钦天监、占天象者、各种卜日卜时的先生们，等等，他们在下传时是否无私，他们是否“以其昏昏，使人昭昭”是一个问题。知识在一步步下移，但文明社会至今仍未实现藏富于民、分权于众、生慧于人。就像海德格尔在《存在与时间》中阐明的，必须破除主体性思维和科技时空观，人才能真正成为“时间性”的。海氏为此预告了现代人的异化：“人的存在是时间性的，而时间又因人的感觉而发生改变，从这个意义上说，相对论是多么浪漫，然而它又是残酷的……既然可以通过感觉改变时间轴，那么欺骗自己、欺骗别人、欺骗世界也就没什么不可能的了。”

这也是我极为看重本书的原因。蔡友平先生曾告诉我，对他们酿酒人来说，采集药草酿酒虽然重要，但时间才是最重要的参数，只有时间到了，酒才能荡气回肠。在这方面，节气堪称中国文明的智慧，是中国人千百年来实证的“存在与时间”。在知识下移到每一个人身上的时代，回到节气或时间本身，有利于人们反观自身的气节或精气神，有利于自我的生长，有利于人们在时间的长河或时间的幽暗中打捞更多的成果。知识大规模下移的一个问题，是使得每一个人都感受到了知识的压力和诱惑，人们迷失其中，但回到时间或节气应是在知识海洋中漂移的可靠坐标。像曾经的农民一样，去感受时间和生命的轮转循环；像诗人那样，去欣赏“时间的玫瑰”，去收获“时间即粮食”。“**年轻人，你的职责是平整土地，而非焦虑时光。你做三四月的事，在八九月自有答案**。”“我在渺无人迹的山谷，不受污染，听从一只鸟的教导，采花酿蜜，作成我的诗歌。美的口粮、精神的祭品，就像一些自由的野花，孤独生长，凋落。我在内心里等待日出，像老人的初恋……”

海德格尔曾引用过荷尔德林的名言：“生命充满了劳绩，但还要诗意地栖居在这块土地上。”在对时间的感受方面，中国传统文化确实有过天人相印、自然与人心相合的美好经验。去感受吧，去参悟吧，去歌哭吧：“若乃春风春鸟，秋月秋蝉，夏云暑雨，冬月祁寒，斯四候之感诸诗者也。嘉会寄诗以亲，离群托诗以怨。至于楚臣去境，汉妾辞宫……塞客衣单，孀闺泪尽；或士有解佩出朝，一去忘返；女有扬蛾入宠，再盼倾国。凡斯种种，感荡心灵，非陈诗何以展其义？非长歌何以骋其情？”

知识的富有、智力的优越在节气面前无足称道，因为我们每一个人都得面对自身。释迦牟尼有叹：“奇哉！奇哉！一切众生皆具如来智慧德相，但因妄想执着而未证得。”

这是信言的语！

2016年8月23日写于北京

目录

春

夏

秋

冬

公历 2月3日 — 2月5日　　　　东风解冻，蛰虫始振，鱼陟负冰。

立春　　　　○ 天下雷行而育万物

立春是我们中国农历二十四节气中的第一个节气，从天文学上说，这是太阳到达黄经315° 时的时空。从一个太阳年历法的角度看，似乎应该把冬至即太阳到达南回归线的时间当作最后一个节气，此后的节气即小寒则为第一个节气。从太阴年历法的角度看，立春作为节气之首也是无可无不可的，虽然立春多在朔日前后，而从农历年的角度，立春并不是新年的开始，真正的新年开始就是大年初一。但中国人这样确定了历法，跟中国人对天地人演进的观察思考之细密有关。

以子丑寅卯的阶段划分，中国人知道，天地人生有一种接力演进的秩序。即天开于子，地辟于丑，人生于寅。在第一阶段，天出现了。大地的开辟要滞后一个阶段，生物界中人的醒悟活动更要滞后一些。这些阶段性的次第现象，无论是子时丑时寅时，还是子月丑月寅月，都描述了又规定了对象。人在寅时之前最好的、最应该做的事就是休息，因为那是天地开辟的时间，人只有休息好了，才能登上一天的舞台。人在农耕生活中，也是到了寅月就得醒过神，得安排考虑一年的事务，这就是一年之计在于春。立春多在寅月。所谓的阴历一月其实就是寅月。

中国人为此用了极为高大上的名称称道这一个月，正月。正者，止于一。蒙以养正，启蒙之义即在于知止知一。春秋时代的史官多写有这样的话，王正月。这是把一年之初的时间历法上升到王权的高度，只有圣王才能确立真正的时间，只有圣王才能颁布“正朔”，才能给予春天：春天来了，时间开始了。《月令七十二候集解》中说：“立春，正月节。立，建始也。五行之气，往者过，来者续。于此而春木之气始至，故谓之立也。立夏、秋、冬同。”

立春是二十四节气之首，中国古代民间都是在“立春”这一天过节，相当于现代的“春节”，而农历正月初一称为“元旦”。公元 1911 年，辛亥革命后，各省都督代表在南京开会，决定把农历的正月初一叫作“春节”，把公历的 1 月 1 日叫作“元旦”。1912 年 1 月初，孙中山在南京就任临时大总统，为了“行夏正，所以顺农时，从西历，所以便统计”，决定农历正月初一为春节，改公历 1 月 1 日为“新年”，仍称元旦。

“阳和启蛰，品物皆春。”太阳沿周天划过，到此之际算是有了决定性的转折。或者说，太阳从南回归线向北回归线一天天地返归，到第四十五天左右，漫长的冬天及其阴冷寒气终于消失了。生活在北半球的人们，此时感受到了温暖的气息，春天开始了。在气候学中，春季是指候（五天为一候）平均气温10℃～22℃的时段。

立春节气，东亚大陆南支西风急流开始减弱，隆冬气候宣告结束。但北支西风急流强度和位置基本没有变化，蒙古冷高压和阿留申低压仍然比较强大，大风降温仍是盛行的主要天气，在强冷空气影响的间隙，偏南风频数增加，并伴有明显的气温回升过程。虽然有“倒春寒”一类的恶劣天气，但立春意味着气温、日照、降雨开始趋于上升、增多。

春是温暖，鸟语花香；春是生长，耕耘播种。春，chun，会意。甲骨文字形，从“艹”（木），草木春时生长；中间是“屯”（zhun）字，似草木破土而出，土上臃肿部分，即刚破土的胚芽形，表示春季万木生长；下面是“日”字，意味着太阳提供了生长的能量。北半球的春天意味着北半球受到越来越多的太阳光直射，气温开始升高。随着冰雪消融，河流水位上涨，春季植物开始发芽生长，许多鲜花开放，冬眠的动物苏醒，许多以卵过冬的动物孵化，候鸟从南方飞回北方。许多动物在这段时间里发情，因此中国也将春季称为“万物复苏”的季节。春季气温和生物界的变化对人的心理和生理也有影响。其中仍有中国先哲观察到的“地辟于丑，人生于寅”的道理。

植物萌芽生长、动物繁殖、农夫下地播种。中国古人把

“历史”叫作“春秋”，因为庄稼春生秋熟，春生相当于历史之因，秋熟相当于历史之果，春来秋去的循环就是时间，而时间的循环就是历史。

但即使在北半球，时空仍有次第，如东亚大陆的中国把立春当作春季的开始（2月3日至5日之间），把立夏当作春季的结束（5月5日至7日之间）。在欧美，春季从中国农历的春分开始，到中国农历的夏至结束（比中国人的春天要滞后一个半月左右）。在爱尔兰，2月、3月和4月被定为春季。在南半球，一般9月、10月和11月被定为春季。

中国人对春天的观察有数千年的历史。作为传统节日，中国自官方到民间都极为重视立春，立春之日迎春已有三千多年历史。据文献记载，周朝迎接“立春”的仪式，大致如下：立春前三日，天子开始斋戒，到了立春日，亲率三公九卿诸侯大夫，到东方八里之郊迎春，祈求丰收。回来之后，要赏赐群臣，布德令以施惠兆民。这种活动影响到庶民，使之成为后来世世代代的全民迎春活动。宋代的《梦粱录》中记载立春日：“宰臣以下，皆赐金银幡胜，悬于幞头上，入朝称贺。”清人的《燕京岁时记》中记载：“立春先一日，顺天府官员至东直门外一里春场迎春。立春日，礼部呈进春山宝座，顺天府呈进春牛图。礼毕回署，引春牛而击之，曰打春。”

古代传说则谓，立春快到来的时候，县官会带着本地的知名人士在土里挖一个坑，然后把羽毛等轻物放在坑里，等到了某个时辰，坑里的羽毛会从坑里飘上来，这个时刻就是立春时辰，开始放鞭炮庆祝，预祝明年风调雨顺、五谷丰登。这一传说跟中国传统音乐有密切的关联，中国传统音乐的“律吕”或“乐律”就是用来协调阴阳、校定音律的一种设备，现代音乐叫定音管。中国的先民用竹子制成十二根竹管，与十二个月相对应，奇数的六根称“律”，偶数的六根称“吕”，奇数表示阳，偶数表示阴。按长短次序将竹管排列好，插到土里。竹管是空的，竹管中储存用芦苇烧成的灰，以此来候地气。到了冬至的时候，一阳出。阳气一生，第一根九寸长、叫黄钟的管子里有气冲出，竹管里的芦灰也飞出来，并发出一种“嗡”的声音。这种声音就叫黄钟，这个时间就是子，节气就是冬至。用这种声音来定调就相当于现代音乐的C调，同时可以定时间，来调物候的变化，所以叫作“律吕调阳”。而立春之际声音则为“大蔟”，在宫商角徵羽五音中，又称角音。春声即为号角之音。“闻角声，则使人恻隐而好仁。”角声是春天的声音。

立春之日，敏感的人可以察觉，太阳出来时较冬天的太阳不太一样了，此时阳气充足，吹面不寒，阴冷之态消失。人们明显地感觉到白昼长了，太阳暖了。“立春一日，百草回芽。”农谚提醒人们“立春雨水到，早起晚睡觉”。大春备耕也开始了。虽然如此，中国内地的很多地方，仍然是“白雪却嫌春色晚，故穿庭树作飞花”。

冬去春来，这不仅是天地间的物象，也是人心的理路。人们爱寻觅春的消息：那柳条上探出头来的芽苞，“嫩于金色软于丝”；那泥土中跃跃欲出的小草，等待“春风吹又生”；而为着夺取新丰收在田野中辛勤劳动的人们，“立春一年端，种地早盘算”。

立春时节的物候是，一候东风解冻，二候蛰虫始振，三候鱼陟负冰。说的是东风送暖，大地开始解冻；立春五日后，蛰居的虫类慢慢在洞中苏醒，也可以说冬眠的动物开始活动了；再过五日，河里的冰开始融化，鱼开始到水面上游动，此时水面上还有没完全融化的碎冰片，如同被鱼负着一般浮在水面。

立春三候中，东风是中国人理解的八风之一，即四时（春夏秋冬）八节（立春、春分、立夏、夏至、立秋、秋分、立冬、冬至）之风。“八节之风谓之八风。立春条风至，春分明庶风至，立夏清明风至，夏至景风至，立秋凉风至，秋分阊阖风至，立冬不周风至，冬至广莫风至。”这是从时间上定义。从空间上定义，八风是四正四隅的八方空间之风。“东风叫明庶风，南风叫景风（亦名凯风），西风叫阊阖风，北风叫广莫风，东北风叫条风（又叫融风），东南风叫清明风，西北风叫不周风，西南风叫凉风。”时空统一，东风即指春风。在八风之中，东风于中国人最为亲切，与西人雪莱写《西风颂》不一样，在中国人眼里，“东方风来满眼春”。《楚辞》：“东风飘兮神灵雨，留灵修兮憺忘归。”杜牧也有名诗：“东风不与周郎便，铜雀春深锁二乔。”

蛰虫冬眠春醒，是这些动物对冬季寒冷、食物匮乏等不良环境条件的一种适应。熊、蝙蝠、刺猬、极地松鼠、青蛙、蛇等都有冬眠习惯。冬眠动物在寒冷的冬季，其体温可降低到接近环境温度（几乎到0℃），全身呈麻痹状态，在环境温度进一步降低或升高到一定程度，或其他刺激下，其体温可迅速恢复到正常水平。古人从冬眠动物中得到启示，在冬天生活，尽可能不折腾，少耗能量，“猫冬”现象就是说因天气寒冷而整天待在家里避寒，一旦天气好时人们就会到户外走走，晒晒太阳，呼吸更多新鲜空气，以适应气候的变化。在这个意义上，人类跟动物在大自然的威力下表现出的生存方式大同小异，都要冬眠春醒，所谓“蛰虫始振”。

立春三候，如果届时物候没能发生，古人就会联想出很多问题。如果东风不能消解冰冻，那就意味着有了号令却得不到执行；如果冬眠动物不醒来活动，那就意味着阴气冲犯了阳气；如果鱼儿不上有冰的水面，那就说明民间私藏铠甲、头盔等武备物资。

立春节气受农民欢迎，因为它给人们带来了温暖，带来了希望。有关立春的天气谚语很多。如以晴天无雨为依据的有“立春晴，雨水匀”，“立春晴，一春晴”。以雨雪为依据的有“立春之日雨淋淋，阴阴湿湿到清明”，“打春下大雪，百日还大雨”。以雷电为依据的有“雷打立春节，惊蛰雨不歇”，“立春一声雷，一月不见天”。以冷暖为依据的有“立春寒，一春暖”。以风力为依据的有“立春北风雨水多”，“立春东风回暖早，立春西风回暖迟”。

在大时间序列里，立春是在天雷无妄时空，“天下雷行，物与无妄；先王以茂对时，育万物”。当天下雷动之时，万物也就随之发展自己。人们观察到，当雷声在天边传遍，万物的精神似乎为之一振，而不妄为，像做好了某种准备，花朵、小草也生机勃勃。因此先王体会这种现象，会以勤勉应对天时天道，繁育万物，使人间欣欣向荣。现代科学证实，电闪雷鸣既是给大地活筋通络，又是在给大地施肥。春雷既是新生的号角，又是新生的肥料。中国的先哲对此一时空观象系辞：“先王以茂对时，育万物。”即人类和自然的自处、相处之道在于成己成物，管理者的责任或志向在于给当代后世提供好的环境。现代人曾经任意妄为，给生息栖居的城镇钢筋水泥土化，让自己的身心处于水深火热之中，好在终于意识到错误，而有了改正。今天，中国很多城镇都有了绿地、湿地公园建设，这是极得无妄精义的。湿地、森林、海洋并称全球三大生态系统，被誉为“地球之肾”“天然水库”和“天然物种库”。一个社会或区域共同体的发展，如果忽视绿地、湿地建设，就失去了春意，失去了生机。

可见，立春之意可谓大矣哉。中国人有数千年的迎春经验，在漫长的历史中形成了众多的习俗。除前述的打春外，还有报春、咬春一类的活动。在立春日吃春盘、春饼、春卷、春盒，吃生菜，吃萝卜，谓之“咬春”。公元767年，杜甫写过一首《立春》诗：“春日春盘细生菜，忽忆两京梅发时。盘出高门行白玉，菜传纤手送青丝。巫峡寒江那对眼，杜陵远客不胜悲。此身未知归定处，呼儿觅纸一题诗。”至于春游，人人心向往之，中国人更不陌生，人们也称为踏青，春游是诗人必咏的话题，《史记·秦始皇本纪》：“皇帝春游，览省远方。”张衡《东京赋》：“既春游以发生，启诸蛰于潜户。”陆机《日出东南隅行》：“冶容不足咏，春游良可叹！”杜甫《丽人行》：“三月三日天气新，长安水边多丽人。”还有孔子赞同的梦想：“莫春者，春服既成，冠者五六人，童子六七人，浴乎沂，风乎舞雩，咏而归。”

春天来了，不仅中国人无数次地呼唤、歌咏春天，全世界都对春天有一言难尽的情感，有名的《春之声》的歌词：“小鸟甜蜜地歌唱，小丘和山谷闪耀着光彩，谷音在回响。啊，春天穿着美丽的衣裳，同我们在一起，我们沐浴着明媚的阳光，忘掉了恐惧和悲伤。在这晴朗的日子里，我们奔跑，欢笑，游玩。”但只要听过一遍的人都同意，《春之声》的音乐远比歌词更动人。

公历 2月18日 — 2月20日　　　　獭祭鱼，鸿雁北，草木萌动。

雨水　　　　○ 君子以思患而预防之

每年的 2 月 18 日至 20 日，多半是中国农历正月十五前后，太阳到达黄经 330° 度的位置。对北半球大陆的中国人而言，这一时段的天气物候与此前相比又发生了变化。北半球的日照时数和强度都在增加，气温回升较快，来自海洋的暖湿空气开始活跃，并渐渐向北挺进，与大陆上的冷空气频繁地较量。这一节气，我们中国人称为雨水。以现代人的思维难以理解，为什么这一节气会称为雨水？我们一般人的经验也难把此时跟雨水相联系，因为大寒没过多久，立春才半月，很多人还沉浸在“正月十五闹花灯”的过年氛围里，北方大地仍多是一片萧索景象。

《月令七十二候集解》：“正月中，天一生水。春始属木，然生木者必水也，故立春后继之雨水。且东风既解冻，则散而为雨水矣。”这段话说起来就玄妙复杂了：春天的本质之一乃是木性或木行，木行要完成生发的职能必须有水，就是说，水行是木行的母体或前一阶段。即水行为寒、为冬、为冰雪大地、为藏敛，为玄黑混沌，为苍茫天地。天一生水，地六成之。天地之间的水行诞生、当令、职尽再投生，有其阶段性。故立春之后，水行再以雨水的节气方式呈现，以为春天加持壮行。不过，人们也可以简单地理解说，立春之后，气温回升、冰雪融化、降水增多，故取名为雨水。

确实，在二十四节气里，雨水和谷雨、小雪、大雪一样，都是反映降水现象的节气。雨水节气的独特在于，在雨水节气里，一是天气回暖，降水量逐渐增多了；二是在降水形式上，雪渐少了，雨渐多了。雨水节气的天气特点对越冬作物生长有很大的影响，“春雨贵如油”，“雨水有雨庄稼好，大春小春一片宝”，“立春天渐暖，雨水送肥忙”。

这一节气意味着进入气象意义上的春天。雨水过后，中国大部分地区气温回升到 0℃以上，如黄淮平原日平均气温达 3℃左右，江南平均气温在 5℃上下，华南气温在 10℃以上，而华北地区平均气温仍在 0℃以下。桃李含苞，樱桃花开，确已进入气候上的春天。除了个别年份外，霜期至此也告终止。但雨水节气的天气变化不定，是全年寒潮过程出现最多的时节之一，忽冷忽热，乍暖还寒。

先民在经验积累中，能够通过雨雪来预测雨水节气以后的天气，如“雨水有雨百阴”，“雨水落了雨，阴阴沉沉到谷雨”。还有根据冷暖来预测后期天气的，“冷雨水，暖惊蛰”，“暖雨水，冷惊蛰”。更有根据风来预测后期天气的，如“春风化雨百日行”，“雨水东风起，伏天必有雨”。

雨水也是一个能够转移人心的节气：雨水前，天气相对来说比较寒冷；雨水后，人们明显感到春回大地、春暖花开和春满人间，沁人的气息激励着身心。雪花纷飞、冷气侵骨的天气渐渐消失，而春风拂面、冰雪融化、湿润的空气、温和的阳光和潇潇细雨的日子正向我们走来。

雨水节气的物候是，一候獭祭鱼，二候鸿雁北，三候草木萌动。此节气，水獭开始捕鱼了，将鱼摆在岸边如同先祭后食的样子；五天过后，大雁开始从南方飞回北方；再过五天，在“润物细无声”的春雨中，草木随地中阳气的上腾而开始抽出嫩芽。从此，大地渐渐开始呈现出一派欣欣向荣的景象。在古人眼里，如果水獭不摆放鱼儿，国内将多发盗贼；如果鸿雁不向北飞来，表示远方之人有不臣服之心；如果草木不萌芽生长，意味着瓜果蔬菜不会成熟。

用先哲阴阳二分的数列排列，此时的阴阳各归其位，且分布均匀，阳内阴外，典型的少阳春的阴阳和合之象，是天时地利人和的理想状态。这种均衡态是人们追求的一种成功状态，这一时空即为水火既济时空。我们知道，中国的道教思想中，从环境、万物到自身，最需要修持的就是水火问题，要水火既济而非火水未济。从前面所引征的中国文化思想中，更能感觉天、地、人在此一时空的印证：春天来了，天地给予了水火既济的基础，给予了生命的雨水，人在此基础上有何作为呢？

人们欢迎雨水，不仅农民视雨水珍贵，就是多半只知吟风弄月的诗人也知道雨水的意义。杜甫有诗：“好雨知时节，当春乃发生。随风潜入夜，润物细无声。野径云俱黑，江船火独明。晓看红湿处，花重锦官城。”韩愈有诗：“天街小雨润如酥，草色遥看近却无。最是一年春好处，绝胜烟柳满皇都。”还有陆游的诗：“世味年来薄似纱，谁令骑马客京华？小楼一夜听春雨，深巷明朝卖杏花。矮纸斜行闲作草，晴窗细乳戏分茶。素衣莫起风尘叹，犹及清明可到家。”当代的诗人方向也写诗说：“我看到好的雨落到秧田里，我就赞美；看到石头无知无识，我就默默流泪。”

春雨降落，预兆秋天的收成，这就是既济时空的意义。但是，好的开始只是成功的一半。何况时空并不均匀，有些年份、有些地区并未获得足够的雨水。如华南常年多春旱，特别是华南西部更是“春雨贵如油”；而西北高原山地仍处于干季，空气湿度小，风速大，容易发生森林火灾。还有娇贵的农作物，水少不得，又多不得，一如中国先哲总结的，水少木难生，水旺木漂。在雨水节气，大麦、小麦陆续进入拔节孕穗期，是最需要肥料、最怕水的时期，因此农民有“尺麦怕寸水”之说，此时就要抓好看苗施肥、清沟排水的田间管理。而因为此时冷暖多变，油菜、大麦、小麦易受低温冻害，农民还要采取培土施肥等防冻措施。

而且，好的开始并非意味着终结，春天的本质之一是生发、成长。农民的本质属性就是勤劳而非休止懒惰，靠天吃饭的农民从来不是等靠要的。有些懒惰的人看到阳光、春雨俱足，轻松下来，认为自己不用怎么出力就会在秋天有好收成，真的想“靠天吃饭”，从而影响劳动、生产、生活的方方面面，懈怠下来，结果秋天反而一无所成，只好盼来年，“懒汉种田，又望来年”。农民的辛苦非同一般，“种地别夸嘴，全凭肥和水”，“种地不上粪，等于瞎胡混”，“春天比粪堆，秋后比粮堆”，“七九八九雨水节，种田老汉不能歇”。用一些现代学人的话语方式说，农民跟土地的关系，是一种能量交换关系，没有劳动力的投入，即农民能量的投入，土地不会产生丰硕的果实。

因此，中国的先哲思考这一雨水的既济时空，跟农民一样务实，不是陷入空洞的赞美抒情之中，而是以忧患意识来告诫大家。先哲给这一时空的系辞是：“君子以思患而预防之。”我们相信先哲对时空的这类解读有极为正当的理由，在一个给予了阳光和雨水的自然环境里生活，人类还需要预防吗？

古典中国人在对雨水节气的观察中，不仅知道雨水的多与少对农事的影响，也知道雨水对身心健康的影响。中医认为，在雨水节气之后，随着降雨有所增多，寒湿之邪最易困着脾脏。春寒料峭，湿气一般夹“寒”而来，因此雨水前后必须注意保暖，切勿受凉，要少食生冷之物，以顾护脾胃阳气。同时，还要预防“倒春寒”。这是因为初春的降雨会引起气温的骤然下降，这尤其对老年人和小孩的身体健康威胁较大，特别是温度骤然下降的时候，老年人的血压会明显升高，容易诱发心脏病、心肌梗死等，小孩则容易因气温的改变而引起呼吸系统疾病，导致感冒和发烧。这一预防医学可谓深得“思患而预防”之义。

对雨水，如前引的诗句，人们几乎用了最美好的感情来对待，除了一时一地的“愁雨”“苦雨”外，中国人对雨水是珍重的，认为天降雨是上天的赐福，《易经》中说到“遇雨则吉”。人间的争斗一如烈火遇水则熄，乡村社会的械斗再激烈，遇雨也都会散掉，这也是深得水火既济之义。中国人还把初降不沾地的雨水称为“无根水”，一如西方人把生命的源泉称为“活水”，把神灵赐予的水当作永生之水，“人若喝我所赐的水就永远不渴。我所赐的水，要在他里头成为泉源，直涌到永生”。中国人还把久旱之后的雨称为“甘霖”，“久旱逢甘霖”是中国人的“四大喜”之一。《三国演义》中说：“吾求三尺甘霖，以救万民。”农民们求雨、拜龙王是一件大事，甚至需要官府出面主持其中的仪式活动。元人冯子振曾如此写“农民渴雨”：“年年牛背扶犁住，近日最懊恼杀农父。稻苗肥恰待抽花，渴煞青天雷雨。恨残霞不近人情，截断玉虹南去。望人间三尺甘霖，看一片闲云起处。”宋人王炎也写过：“山冥云阴重，天寒雨意浓。数枝幽艳湿啼红。莫为惜花惆怅，对东风。蓑笠朝朝出，沟塍处处通。人间辛苦是三农。要得一犁水足，望年丰。”

从先秦时代起，哲人们就知道用雨水来比喻事物，孟子的名言：“君子之所以教者五：有如时雨化之者，有成德者，有达财者，有答问者，有私淑艾者。此五者，君子之所以教也。”是故，人们把良好的熏陶和教育当作春风化雨。孟子还有名言：“民望之，若大旱之望云霓也。归市者不止，耕者不变。诛其君而吊其民，若时雨降，民大悦。”悠久的农耕文化中产生的天人相印的思想甚至把久旱无雨当作人间有大冤的征兆，在古典中国人看来，人间的罪恶、苦难、冤屈，都下招人怨，上干天和，会造成天象反常。古代的贤良大臣们一旦遇到久旱之事，一方面会代民祈雨，一方面会为民申冤，这也是政治治理在中国社会被称为春风、春雨的原因。皇帝、朝廷、地方政府和官吏们的作为，就是民众头上的天，它们应该及时下雨，像雨水节气给农民全年丰收的希望一样，给社会以生机、希望。

由孟子发源的“及时雨”一词因此有极为丰富的中国人文内涵。如果人间之天不给希望，甚至制造罪苦，在忍耐和麻木中挣扎生存的中国人知道，老天会来行道的，老天会来惩罚的，天道好还。关汉卿为此写道："做甚么三年不见甘霖降，也只为东海曾经孝妇冤。"而早于关汉卿两千多年的时候，在武王伐纣的进军途中，天降大雨，有人以为兆头不好，但武王说这是天洗兵，天选他来代替惩罚独夫民贼。在关汉卿之后的几百年，1945 年 5 月 4 日，昆明大中学生举行大游行时，忽见下起雨来，有些学生正要散开。闻一多却走上高台，大声说道："武王伐纣誓师时也下了大雨，武王说这是'天洗兵'，是上天给我们洗兵器，今天，我们也是'天洗兵'。"这样的话深得雨水之义。

公历 3月5日 — 3月7日

桃始华，仓庚鸣，鹰化为鸠。

惊蛰

○ 天地盈虚，与时消息

老樹印信

时序到了3月初，即每年的3月6日前后，太阳到达黄经345°的位置，这一时间是农历的第三个节气——惊蛰，标志着仲春时节的开始。北半球气候温暖，许多地方都播种了，人们盼望收成好。先民们观察此时的现象，如气候、自然界的生物活动跟收成之间的关系发现，如果这时候出现了电闪雷鸣的情况，那么这一年肯定会丰收。“春雷响，万物长！”更有意思的是，大自然千万年的演进，使蛰伏在地下的昆虫和小动物都知道此时该露头了，温暖的气候、地上的春草都可供其生长。“春雷惊百虫”，意思是天气回暖，春雷始鸣，惊醒了蛰伏于地下冬眠的昆虫。《月令七十二候集解》中说：“万物出乎震，震为雷，故曰惊蛰。是蛰虫惊而出走矣。”

这一节气非常有意思。二十四节气多跟自然现象、人们的自然感受、农作物种植等相关，但这一节气是跟人们观察到的生物活动规律相关。在细心的先民看来，这一时节就像运动场上启动某项比赛的发令枪一样。这一枪在天地间打响，那些还在冬眠状态蛰伏得太久以至昏昏沉沉的昆虫、走兽们都惊醒过来，它们听令而努力生长壮大。这一节气最先叫“启蛰”，《夏小正》曰：“正月启蛰。”日本至今仍用“启蛰”这个名称。汉代为避皇帝讳，而改为“惊蛰”，两个名称不同时期都曾用过。更值得一提的是，汉代以前，惊蛰与雨水节气有前后顺序不同，这也说明汉代前后，中国内地的气候、物候有微妙的变化，使节气的命名一度颠倒。

从大时间序列来看，惊蛰节气的顺序在汉代后的调整符合了天地之数，天地阴阳的组合里，惊蛰必然在雨水之后。先民则观察到，此时跟农历的二月二日经常重合，不仅大地上的小昆虫们都醒过来了，就是冬眠成为潜水（潜龙勿用）的龙，也在此时抬头了。“二月二，龙抬头。”这个龙，就是跟中国悠久的农业文明息息相关的苍龙七星。每年的农历二月初二晚上，苍龙星宿开始从东方露头，角宿，代表龙角，开始从东方地平线上显现；大约一个钟头后，亢宿，即龙的咽喉，升至地平线以上；接近子夜时分，氐宿，即龙爪也出现了。这就是“龙抬头”的过程。

这以后的“龙抬头”，每天都会提前一点，经过一个多月时间，整个“龙头”就“抬”起来了。龙抬头意味着春耕的开始，“二月二，龙抬头，大家小户使耕牛”，此时阳气回升，大地解冻，春耕将始，正是运粪备耕之际。龙抬头因此也成了一个节日，龙抬头节又叫春龙节、农事节、春耕节，等等。传说此节起源于三皇之首伏羲氏时期。伏羲氏“重农桑，务耕田”，每年二月二这一天，“皇娘送饭，御驾亲耕”，自理一亩三分地。后来者纷纷仿效，周朝甚至定为国策，在二月初二这一天举行重大仪式，让文武百官都亲耕一亩三分地。《易经》的乾卦以龙为关键词，初爻爻辞为“潜龙勿用”，二爻爻辞则为“见龙在田，利见大人”。我们由此可知，这一爻辞相当写实：在二月初，龙抬头一如在田野里，这个时候，到田野里耕种，容易与君王大人们相遇，这是有利的。因为君王大人们劝农劝耕，来田里亲自示范或视察，看到自己勤劳是会嘉许的。

《说文解字》中说龙：“能幽能明，能细能巨，能短能长，春分而登天，秋分而潜渊。”龙的出没周期和方位跟一年的农时一致：春天农耕开始，苍龙星宿在东方夜空开始上升，露出明亮的龙首；夏天作物生长，苍龙星宿悬挂于南方夜空；秋天庄稼丰收，苍龙星宿也开始在西方坠落；冬天万物伏藏，苍龙星宿也隐藏于北方地平线以下。而在惊蛰节气，龙一如万物之首，更是最先醒来，赐福人间，镇住那些也醒来有可能为害的毒虫、害虫，使人畜平安，五谷丰登。“二月二，照房梁，蝎子蜈蚣无处藏！”人们要在这天驱除害虫，点着烛火，照着房梁和墙壁驱除蝎子、蜈蚣等，这些虫儿一见亮光就掉下来被消灭了。

龙抬头节有不少风俗。如开笔写字，让孩子开笔写字，寓意孩子眼明心明，知书明理；如剃龙头，二月初二理发，儿童理发，叫“剃喜头”，借龙抬头之吉时，保佑孩童健康成长，长大后出人头地；大人理发，辞旧迎新，希望带来好运，新的一年顺顺利利。还有怕龙虫偷懒，不愿意出来，就用烟火熏虫，《帝京景物略》中说：“二月二日曰龙抬头……熏床炕，曰熏虫儿，谓引龙，虫不出也。”人们把这一天叫熏虫日，从院子各处一直到室内都点上熏香，有缝就插，大部分虫子从二月二开始动弹，这些粮食虫、蛀虫均属害虫，熏过之后可以不遭或少遭虫害。

当然，更重要的是求龙王降下春雨，以利春耕。唐代诗人白居易有诗：“二月二日新雨晴，草芽菜甲一时生。轻衫细马春年少，十字津头一字行。”只不过，这一节气的春雨跟雨水节气的春雨有所不同，惊蛰节气的春雨是当之无愧的雷雨。在大时间序列里，惊蛰节气的天地阴阳数比例为上雷下火，即雷火卦。

也就是说，惊蛰节气开始，正好有天雷地火，此时的雨是雷雨。气象学家证实，在中国内地，南方大部分地区都可闻见春雷之声，长江流域也渐有雷鸣。气象科学表明，“惊蛰始雷”，这一节气开始有雷声，是大地湿度渐高而促使近地面热气上升或北上的湿热空气势力较强与活动频繁所致。从中国各地自然物候进程看，由于南北跨度大，春雷始鸣的时间迟早不一。云南南部在 1 月底即可闻雷，而北京的初雷日在4月下旬。“惊蛰始雷”的说法基本与沿长江流域的气候规律相吻合。惊蛰雷鸣引人注意，在于它有预测功能。如“未过惊蛰先打雷，四十九天云不开”。还有根据冷暖预测天气的谚语“冷惊蛰，暖春分”等。惊蛰节气的风也能预测天气，如“惊蛰刮北风，从头另过冬”，“惊蛰吹南风，秧苗迟下种”，等等。

人们观察到，雷雨过后，种子纷纷从地里伸出芽来，疯长。种瓜得瓜，种豆得豆。雷雨发庄稼，人们甚至观察到，有了雷雨，豆苗等农作物都长得疯了似的，秋天肯定丰收。豆类含有丰富的植物蛋白，食豆令人肥，多食豆类使人丰满。这种天地人的合一之象被人们捕捉到了，此时的命名就是满山的豆荚，是谓“豐”，即简体字“丰”。雷火卦因此命名为丰卦。

现代科学证实，当电闪雷鸣的时候，产生的闪电能使空气中的氧气和氮气化合成一氧化氮，而一氧化氮又能与氧气反应生成二氧化氮，产生的二氧化氮溶于雨水形成硝酸，并随雨水进入土壤，形成容易被农作物吸收的硝酸盐，达到给农作物补氮的效果。据统计，每打一次雷，总有一吨到两吨的氮化合物会随着雨滴落到地面。这当然会有效地增加土壤的肥沃度。这样的量，几乎相当于一个小型化工厂一天的产量。更为奇妙的是，植物或农作物似乎知道此时会有雷雨一样，雷电也似乎知道大地需要它们一样。中国的先民称此节气为“惊蛰”，是对天地自然的精准命名：到这个时节开始有雷，蛰伏的虫子听到雷声，受惊而苏醒过来，结束了冬眠。惊蛰是气温迅速回升转暖、越冬作物返青和春夏播作物备耕工作的重要时节。“到了惊蛰节，锄头不停歇。”“惊蛰不耙地，好比蒸馍走了气。”“九尽杨花开，农活一齐来。”

惊蛰的物候是，一候桃始华，二候仓庚鸣，三候鹰化为鸠。在节气的最初一候五天里，桃花的花芽在严冬时蛰伏，终于在春暖时开始盛开。在二候的五天里，仓庚即黄鹂鸟感受到春天的气息而开始鸣叫，用美妙的歌喉渲染春天的气氛。到第三候的五天里，天气渐暖，大地回春，很多动物开始繁殖。由于鹰和鸠的繁育途径大不相同，翱翔于天地的鹰开始悄悄地躲起来繁育后代，而原本蛰伏隐匿的鸠开始鸣叫求偶。古人没有看到鹰，而周围的鸠好像一下子多起来，误以为是鹰变成了鸠。在古人眼里，如果桃树不开花，说明阳气闭塞；如果黄鹂不唱歌，说明臣下不服从君王；如果老鹰不化为鸠，说明贼寇会屡屡出现为害社会。

惊蛰的物候中，桃在中国人心中有特殊的位置。据说中国人在7500年前就开始种植桃树，上古有夸父死而变为桃林的神话传说。在中国人心中，桃能解饿提神，是长生不死的仙家食品；鲜红烂漫的桃花、甘美香甜的桃实，是先民心中的吉祥物，是喜庆、热烈、美满、和谐、繁荣、幸福、自由、驱邪等的象征。《诗经》中说：“桃之夭夭，灼灼其华。之子于归，宜其室家。”桃花成为美好生活图景的代名词，陶渊明的《桃花源记》记录了中国人的梦想世界：“晋太元中，武陵人捕鱼为业，缘溪行，忘路之远近。忽逢桃花林，夹岸数百步，中无杂树。芳草鲜美，落英缤纷。”关于桃花的诗太多了，白居易有名诗：“人间四月芳菲尽，山寺桃花始盛开。长恨春归无觅处，不知转入此中来。”崔护有名诗：“去年今日此门中，人面桃花相映红。人面不知何处去，桃花依旧笑春风。”

黄鹂又名黄莺，是人们心中大自然的“歌唱家”。它的鸣声圆润嘹亮，低昂有致，富有韵律，非常清脆，极其优美，十分悦耳动听。古人把它的鸣啭称为“莺歌”“黄簧”。《说郛》记载了古人的雅兴：南朝刘宋时的戴颙最爱听莺，春天他常“携双柑斗酒”出游，问他去哪里，回答说“往听黄鹂声”。古人以莺音入诗者，如“春日载阳，有鸣仓庚”，“莺歌暖正繁”，“暖入莺簧舌渐调”，“阴阴夏木啭黄鹂”，“映阶碧草自春色，隔叶黄鹂空好音”，等等。

惊蛰期间，虽然气温升高迅速，但是雨量增多有限。华南中部和西北部在此期间的降雨总量仅10毫米左右，继常年冬干之后，春旱常常开始露头。这时小麦孕穗、油菜开花都处于需水较多的时期，对水分要求敏感，春旱往往成为影响小春农作物产量的重要因素。华北冬小麦开始返青生长，土壤仍冻融交替，需要及时耙地。南方小麦已经拔节，油菜也开始见花，对水、肥的要求均很高，应适时追肥，干旱少雨的地方应适当浇水灌溉。中国的植树节也在惊蛰节气，考虑到气候特点，一般栽种树后要勤于浇灌，努力提高树苗成活率。

惊蛰节气或龙抬头节的习俗异名实同。平地一声雷，唤醒所有冬眠中的蛇虫，家中的爬虫走蚁又会应声而起，四处觅食。人们会在这一天手持清香、艾草熏家中四角，以香味驱赶蛇、虫、鼠和霉味，久而久之，渐渐演变成不顺心者拍打对头人和驱赶霉运的习惯，亦即“打小人”的前身。惊蛰以龙抬头为大事，民间以为龙虎相斗，白虎在龙抬头时也会搬弄是非，甚至开口噬人。故人们祭龙王之外，也会祭白虎，使之不要张口说人是非，让人全年不遭小人之兴风作浪。惊蛰的节气神是雷神，故人们还要祭雷公。“天上雷公，地下舅公”，舅父在中国家族中的地位极为重要，一如雷公是天庭中的重要神祇。相传“雷公”是一只大鸟，随时随地拿着一只铁锤，就是他用铁锤打出隆隆的雷声，唤醒大地万物，人们才知道春天已经来临了。

惊蛰节气是万物复苏、春暖花开的时候，也是各种病毒和细菌活跃的时候。在中医看来，此时人体的肝阳之气渐升，阴血相对不足，养生应顺乎阳气的升发、万物始生的特点，使自身的精神、情志、气血也如春日一样舒展畅达，生机盎然。惊蛰时节饮食起居应顺肝之性，助益脾气，令五脏和平。由于春季与肝相应，如养生不当则可伤肝。现代流行病学调查亦证实，惊蛰属肝病的高发季节。《黄帝内经》曰：“春三月，此谓发陈。天地俱生，万物以荣。夜卧早起，广步于庭，被发缓形，以使志生。”

诗人当然也敏感这时令的变易而感兴。范成大有《惊蛰家人子辈为易疏帘》诗：“二分春色到穷阎，儿女祈翁出滞淹。幽蛰夜惊雷奋地，小窗朝爽日筛帘。惠风全解墨池冻，清昼剩翻云笈签。亲友莫嗔情话少，向来屏息似龟蟾。”陆游在《春晴泛舟》中说：“儿童莫笑是陈人，湖海春回发兴新。雷动风行惊蛰户，天开地辟转鸿钧。鳞鳞江色涨石黛，嫋嫋柳丝摇麴尘。欲上兰亭却回棹，笑谈终觉愧清真。”曹彦约有《惊蛰后雪作未已阻之湖庄》诗：“甲拆多应满药栏，跨骡心已拂轻鞍。正疑阴固仍飞雪，岂有春中却沍寒。启蛰候虫犹自闭，向阳梅子自能酸。误成严冷非天意，说与人心作好看。”仇远在《惊蛰日雷》则说：“坤宫半夜一声雷，蛰户花房晓已开。野阔风高吹烛灭，电明雨急打窗来。顿然草木精神别，自是寒暄气候催。惟有石龟并木雁，守株不动任春回。”

而韦应物的《观田家》诗更配得上惊蛰的天地消息，诗云：“微雨众卉新，一雷惊蛰始。田家几日闲，耕种从此起。丁壮俱在野，场圃亦就理。归来景常晏，饮犊西涧水。饥劬不自苦，膏泽且为喜。仓廪无宿储，徭役犹未已。方惭不耕者，禄食出闾里。”中国的先哲在对雷火丰卦时空观象系辞说：“丰，大也。明以动，故丰……日中则昃，月盈则食，天地盈虚，与时消息，而况于人乎，况于鬼神乎？”

可见，惊蛰节气给予我们的道理在于明而动，如雷之盛大，如电火之丰美，不能偷懒、偷奸耍滑，或昏昏沉沉、自甘沦落。惊蛰不仅是要自然界的生物醒过来，也启示人间的每一个生命要醒过来，个人乃至一个社会如果长久地昏睡，那就是不道者，违背天地之道。近代以来，中外有识之士都看出，中国社会是睡着的。梁启超曾说：“吾国四千余年之大梦之唤醒，实自甲午战败割台湾、偿二百兆以后始也。”有人也称赞梁启超：“中国长久睡梦的人心被你一支笔惊醒了……”但一代代的中国人仍苦恼于国家、社会、人心的酣睡，像廖仲恺等革命党人甚至以梦醒为自己的孩子命名，胡适和更多的中国人则“挟外人以自醒”，胡适在《睡美人歌》中开篇即云：“拿破仑大帝尝以睡狮譬中国，谓睡狮醒时，世界应为震悚。”鲁迅更有世纪之问：“假如一间铁屋子，是绝无窗户而万难破毁的，里面有许多熟睡的人们，不久都要闷死了，然而是从昏睡入死灭，并不感到就死的悲哀。现在你大嚷起来，惊起了较为清醒的几个人，使这不幸的少数者来受无可挽救的临终的苦楚，你倒以为对得起他们吗？”到了当代，更有年轻学人断言，你永远都无法叫醒一个装睡的人。

当然，中国人更熟悉龚诗：“九州生气恃风雷，万马齐喑究可哀。我劝天公重抖擞，不拘一格降人材。”还有鲁迅的诗：“万家墨面没蒿莱，敢有歌吟动地哀。心事浩茫连广宇，于无声处听惊雷。”一代代的先行者希望唤醒人心。据说嗜欲深者天机浅，那些本能生活的人，那些沉溺于欲望中的人，与天地沟通的灵性、智慧是极为浅薄的，他们的一个表现就是贪睡。冬去春来，在惊蛰时分，那些装睡的人，那些昏睡的人，那些贪睡的人，他们未必听得懂天地间的雷声，未必明了天上雷公的愤怒。

公历 3月20日－3月21日　　元鸟至，雷乃发声，始电。

春分　　○ 君子以类族辨物

在哲人的观念里，任何一种事物还原到极点，都能还原到时间、空间这一形式上来。是以中国人将“春秋”这一时序当作时空，当作历史，当作审判，“万物聚散都在春秋当中”。孔子开创的写史传统则称为“春秋笔法”，即人间行迹得与春秋这一时空大道相联，违背者则被称为不道、无道之人，时空自有新的演进形式使大道归来，或替天行道。德国启蒙思想家康德则认为，时空是“先天直觉形式”。因此，我们一般谈论的观念、现象都可还原到时空上去，而时空能够相互说明。

黄道是地球环太阳旋转之轨与天球相交的大圆，在地球人看来，那个大圆黄道是太阳一年运行的轨道，不同的季节，太阳在黄道上的位置不同。当太阳抵达黄道的360°，又是0°位置时，对地球来说，太阳光正好直射在地球的赤道位置。这一天，全球绝大部分地区昼夜等长，而在北极点与南极点附近，则可以观测到“太阳整日在地平线上转圈”的特殊现象。这以后，北半球各地昼长夜短，南半球各地昼短夜长；北极附近开始出现极昼，范围渐大；南极附近极昼结束，极夜开始，范围渐大。这一天或这一节气，中国人称为“春分”。

春分日是春季九十天的中分点，古典中国人又称为“日中”“日夜分”“仲春之月”。《月令七十二候集解》：“二月中，分者半也，此当九十日之半，故谓之分。秋同义。”“分者，黄赤相交之点，太阳行至此，乃昼夜平分。”在日坛祭太阳，是从周代起开始的大祭。清人潘荣陛在《帝京岁时纪胜》中说：“春分祭日，秋分祭月，乃国之大典，士民不得擅祀。”所以，春分的意义，一是指一天时间白天黑夜平分，各为十二小时；二是古时以立春至立夏为春季，春分正当春季三个月之中，平分了春季。春分一到，雨水明显增多，我国平均气温已稳定达到10℃，这是气候学上所定义的春季温度。

对北半球的很多人来说，春分意味着真正的春天。春山处处子规啼，亦是春心扰伤时。中国人常说的思春就发生在此时，一般以为思春是少女怀春。徐铉有诗《春分日》：“仲春初四日，春色正中分。绿野徘徊月，晴天断续云。燕飞犹个个，花落已纷纷。思妇高楼晚，歌声不可闻。”所谓春分、秋分时“春女思，秋士悲”，即指春女感阳气而思男，秋士感阴气而悲时序，其中有一言难尽的生理、心理和“先天直觉”。歌德有诗：“青年男子谁个不善钟情？妙龄女人谁个不善怀春？这是我们人性中的至圣至神。”上古中国甚至在春分前后对男女之情采取了极为开明开放的态度，并以之为礼。《周礼·媒氏》记载说：“令男三十而娶，女二十而嫁……中春之月，令会男女，于是时也，奔者不禁。若无故而不用令者，罚之。司男女之无夫家者而会之。”

春分前后，辽阔的大地上，岸柳青青，莺飞草长，小麦拔节，油菜花香，桃红李白迎春黄。王安石有名诗《泊船瓜洲》：“京口瓜洲一水间，钟山只隔数重山。春风又绿江南岸，明月何时照我还。”

春分的物候为，一候元鸟至，二候雷乃发声，三候始电。即是说春分日后，燕子便从南方飞来了，下雨时天空便要打雷并发出闪电。如果燕子不来，说明这一年里会发生妇女不孕的现象；如果春雷发不出响声，说明诸侯国会失掉百姓；如果不出现闪电，说明君王没有威严，“望之不似人君”。

说到元鸟，我们当知先民对春分的重视。春分虽为二十四节气之一，却是最早的二分之一（春分、秋分），四时之一（前二分再细划出冬至、夏至，即春夏秋冬四季），八节之一（前四时再细划出立春、立夏、立秋、立冬）。一个太阳回归年为太极，太极生两仪（二分），两仪生四象（即四时四季），四象生八卦（即八节）。在先民缺少文字媒介、技术手段等来记忆时间的上古时代，人们划分时间的依据是眼前最经常、最深刻的物象。我们想象一下，像马牛羊猪狗鸡一类的牲畜家禽至多可以报时，难以象征季节；常在眼前活动的飞禽走兽们，尽管有脱毛、长毛、冬眠等季节变换，却也难以精准对应季节；唯有感应季节变化、沿地球纬度而季节性迁徙的鸟类可以表征季节。在中国内地，燕子就是这样最有代表性的候鸟。每年秋分前后，燕子飞离本地前往遥远的南方；每年春分前后，燕子飞回北方以生儿育女、安居乐业。

燕子的背羽大都呈灰蓝黑色，古时把它叫作玄鸟。玄鸟司分，也就是说，由玄鸟来定春分、秋分。有意思的是，在中国人心中，玄不仅是一种灰黑无明的颜色，更是深奥的、绞缠的一种状态，是天地混沌未开时的一体之气，老子说，“玄之又玄，众妙之门”。如果讲创生、派生，讲具体，那么，玄属于天，属于北方，属于水，属于元。“天玄地黄”，玄而萌生黄，有天才有地，有玄才有黄。就是说，燕子穿越冬天的混沌之气，带来了春天的雨水。春分节气，燕子带来了风和日丽、春暖花开。

“燕”字从小篆起定型为廿、口、北、火四种意象的组合。廿是头，雏燕出壳到能飞是二十天；口是身，燕子以呢喃鸣声成为使者之身，口形也表明人们对雏燕张口等候喂食的印象极为深刻；北是翅，展开翅膀就是一个“北”字；火为尾，它春分飞回时，衔泥附炎热，飞花入户香，天就热了。待秋分飞回，把热带走，天就凉了。

中国内地的创世时代，三皇五帝时期就有一个少昊氏以燕子作为本部的图腾（嬴），“嬴，少昊氏之姓”。“嬴”字甲骨金文中正像鸟的形象。“我高祖少皞挚之立也，凤鸟适至，故纪于鸟，为鸟师而鸟名。凤鸟氏，历正也；玄鸟氏，司分者也；伯赵氏，司至者也；青鸟氏、司启者也；丹鸟氏，司闭者也。”至于中国三代的商朝与燕子的关系更为神奇，司马迁写道：“殷契，母曰简狄……三人行浴，见玄鸟堕其卵，简狄取吞之，因孕生契。”更早的《诗经》则说：“天命玄鸟，降而生商。”“瑶光星散为燕”，瑶光星指北斗七星的第七星，象征着祥瑞……可见，燕子不仅是农民的朋友，也是中国文化中美的、善的象征。

农耕文明离不开天时，对农民来说，燕子最愿意接近他们，农民也最爱护这种益鸟。诗人、哲人自然也接纳了人民大众的集体心理，将燕子意象纳入语言文化的表象中和深层中。燕子从南方飞到北方，在靠近农田（会产生蚊、蝇昆虫）的农家繁殖，家燕则在农家屋檐下营巢。一对家燕和它们养育的几窝雏燕据说几个月内能够吃掉几十万只害虫。很多农民甚至会认定，燕子不仅报春，而且带来了全年的好运。燕子通灵，农民们笃定地认为，今年来家屋巢居的燕子就是去年的那一对；如果今年春天没有燕子来家，农民们会想到那燕子已经双双作古，甚至会叹息家道有危机。有时候，燕子来了不肯落脚，低回一周又飞走了，人们就会认为家里出了昧良心的事，“干了缺德事情的人家，燕子不去”。

在诗人笔下，以燕子来惜春伤秋，或渲染离愁，或寄托相思，或感伤时事，意象之盛，表情之丰，非其他物类所能及。燕子象征春天，生命，爱情……诗人对春分的吟咏也是诗歌史上的重要篇章。元稹有诗：“二气莫交争，春分雨处行。雨来看电影，云过听雷声。山色连天碧，林花向日明。梁间玄鸟语，欲似解人情。”（《春分二月中》）燕子秋去春回，不忘旧巢。诗人为此感兴：“朱雀桥边野草花，乌衣巷口夕阳斜。旧时王谢堂前燕，飞入寻常百姓家。”（刘禹锡《乌衣巷》）“无可奈何花落去，似曾相识燕归来。”（晏殊《浣溪沙》）“燕子归来愁不语，故巢无觅处。”（李好古《谒金门·花过雨》）人们用它表达春光之美：“冥冥花正开，扬扬燕新乳。”（韦应物《长安遇冯著》）人们用它表达情感：“思为双飞燕，衔泥巢君屋。”（《古诗十九首·东城高且长》）人们用它倾诉离情：“我婿去重湖，临窗泣血书。殷勤凭燕翼，寄与薄情夫。”（郭绍兰《寄夫》）人们还用它状写漂泊流浪之苦：“如社燕，飘流瀚海，来寄修椽。”（周邦彦《满庭芳·夏日溧水无想山作》）

春分节气后，气候温和，雨水充沛，阳光明媚。对农民来说，春分的来临，标志着越冬作物进入春季生长阶段。“春分麦起身，一刻值千金。”此时也是早稻的播种期。一场春雨一场暖，春雨过后忙耕田。“二月惊蛰又春分，种树施肥耕地深。”春分也是一个可以预测年景和天气的节气，“春分有雨是丰年”，“春分雨不歇，清明前后有好天”，“春分大风夏至雨”，“春分南风，先雨后旱”，“春分不暖，秋分不凉”……

春分之后，春管、春耕、春种进入繁忙阶段，以家、族为单位的人力不足以应对春忙，故家家都会请人帮忙，并且相互帮忙。人们超越一家一族的狭隘视野，志同道合，把农活完成。这一时空最典型的意象是人们同心同力在大地上忙碌，同人于野，人们祭祀在一起，吃饭在一起，这是通达的。在大时间序列里，春分节气正在阴阳结构的天火卦时空。且天象与火象都向上而相同，人们把天火卦命名为同人卦，以彰显和同、大同之意。

这一时空的状态在后来各地的农谚中也有表达，如“春分日植树木，是日晴，则万物不成”，“春分有雨家家忙，先种瓜豆后插秧”，“春分在前，斗米斗钱”，“夜半饭牛呼妇起，明朝种树是春分”，“春分麦起身，肥水要紧跟”……可见，天火卦需要的协同精神，在我们文化中，进一步发展为同人、同仁。如一视同仁、志士同仁。“天与火，同人；君子以类族辨物。”

天下有火，凡在自然山川艰难跋涉者，在渺无人烟孤苦无助之际，如果看到不远处有火光、烟火的信号，就知道有自己的同类。君子效法这一卦象精神，明白物以类聚，人以群分的道理，明辨事物，求同存异，团结众人以治理天下。还有一层意思，天火同人，人类是因为发现了天地间的火而获得了类的感觉，植物、动物怕火，而人类需要火甚至要盗火，人类因火有了突飞猛进的发展，这也是人类与生物界区分出来的重大标志。正是有了火，人类的历史才迎来了春天。当然，先哲的判断可能仍建立在实证经验上，即惊蛰过后，人们纷纷从冬天状态走到户外，走向田野，在春分前后，人们在大地上劳作，超越物类为果腹只顾上顿下顿的自私本能，有一年、十年甚至百年之计，有团结协作之精神，油然而生发的感觉、意识和观念。

由此可见，春分与中国乃至人类的重要关联。君子在此时空，当以类族辨物。确实，在北半球很多地方，春分也是年复一年的起点，如波斯新年，又叫作伊朗新年（Nowruz），即在春分。跟中国的春节一样，他们会在春分时庆祝一周，前几天走亲访友，互祝新年快乐。最后一天，全家出游踏青，以避邪恶。还有土耳其、阿富汗、乌兹别克斯坦等国的新年也都在春分日。人类对春分、春天的感念一言难尽，朱自清曾经写出了少年或“少年中国”的春怀：“燕子去了，有再来的时候；杨柳枯了，有再青的时候；桃花谢了，有再开的时候。但是，聪明的，你告诉我，我们的日子为什么一去不复返呢？”

公历 4月4日—4月6日

桐始华，田鼠化为鴽，虹始见。

清明

○ 君子以议德行

老树印信

每年阳历4月4日至6日，太阳到达黄经15°，对北半球来说，此时的天气与春分时相比，又有不同了。西汉时期的《淮南子·天文训》中说："春分……加十五日指乙，则清明风至。""清明风"即清爽明净之风。《月令七十二候集解》说："三月节……物至此时，皆以洁齐而清明矣。"故"清明"有冰雪消融，草木青青，天气清澈明朗，万物欣欣向荣之意。《岁时百问》则说："万物生长此时，皆清净明洁。"这一节气，我们中国人称为清明。"春分后十五日，斗指乙，为清明，时万物皆洁齐而清明，盖时当气清景明，因此得名。"

清明节气，东亚大气环流实现了从冬到春的转变。中国内地的北方气温回升很快，降水稀少，干燥多风，沙尘天气居多。北方许多地区4月的平均气温都已经达到10℃～15℃。中部如江淮地区，冷暖变化幅度较大，雷雨等不稳定降水逐渐增多。至于江南地区，"清明时节雨纷纷"几乎是诗人实指其气候特色，时阴时晴，充沛的水分可满足作物生长的需要。总之，清明一到，气温升高，是春耕的大好时节——“清明前后，种瓜点豆”，“植树造林，莫过清明”。东汉崔寔《四民月令》还记载道：“清明节，命蚕妾治蚕室……”

由于天气变化不定，时有寒潮过程出现。忽冷忽热、乍暖还寒的天气对已萌动和返青生长的农作物、林、果等的生长及人们的健康危害很大。在农事上，要注意做好农作物、大棚蔬菜防寒防冻工作；要注意保墒，以满足小麦拔节孕穗、油菜抽薹开花需水关键期的水分供应。注意抓住“冷尾暖头”天气，抢晴播种，并及时覆盖保暖。

清明节气的三候是，桐始华、田鼠化为鴽、虹始见。即是说，在清明节气所统辖的十五天里，第一个五天里会见到桐树开始开花；第二个五天里见到的典型物象是，田鼠因烈阳之气渐盛而躲回洞穴，喜爱阳气的鴽鸟（即鹌鹑）开始出来活动，说明阴气潜藏而阳气渐盛；第三个五天里能见到的典型物象是彩虹出现，虹为阴阳交会之气，纯阴纯阳则无，若云薄漏日，日穿雨影，则虹见。

在清明的三候中，桐树在中国有独特的文化意义，桐树既是观赏类树木，又是经济价值较高的树木，更重要的是它与文化相关联。《诗经》：“凤凰鸣矣，于彼高冈。梧桐生矣，于彼朝阳。”这就是“栽下梧桐树，引来金凤凰”的最早记载。在中国人眼里，梧桐是吉祥的象征。《庄子》里说："夫鹓雏发于南海，而飞于北海；非梧桐不止，非练实不食，非醴泉不饮。"杜甫有名句："香稻啄余鹦鹉粒，碧梧栖老凤凰枝。"梧桐是人格独立的象征，潘臻有诗："亭亭独自傲霜风，不与寻常桃李同。圣世工师求木久，峄阳犹自有孤桐。"桐树的孤傲或者使国人以其做乐器，无论是泡桐树还是梧桐树，都是做琴的材料。《新论·琴道》说："昔神农氏继宓羲而王天下，上观法于天，下取法于地，近取诸身，远取诸物，于是始削桐为琴，绳丝为弦，以通神明之德，合天地之和焉。"孟郊有诗："师旷听群木，自然识孤桐。正声逢知音，愿出大朴中。知音不韵俗，独立占古风。"张仲景、蔡邕、谭嗣同等历史名人都曾以梧桐残干制琴。《后汉书》记载："吴人有烧桐以爨者，邕闻火烈之声，知其良木，因请而裁为琴，果有美音，而其尾犹焦，故时人名曰'焦尾琴'焉。"

至于田鼠等鼠辈，在农民眼里当然是灾害，是贪官的象征。《诗经》中说："硕鼠硕鼠，无食我黍！三岁贯女，莫我肯顾。逝将去女，适彼乐土。乐土乐土，爰得我所。"鼠辈形象不佳，老鼠每年吃掉的粮食多达数千亿斤，还破坏草原，传染疾病，所以鼠是"四害"之一。老鼠因偷吃、啃坏东西而得恶名，令人讨厌，"老鼠过街，人人喊打"。汉语中关于"鼠"字的成语多为贬义，如鼠目寸光、鼠窜狼奔、鼠肝虫臂、鼠牙雀角、鼠窃狗盗，等等，但从社会、民俗和文化学的角度来看，它又脱胎换骨，由一个无恶不作的害人精，演化成具有无比灵性、聪慧神秘的小生灵。中国民间流传着所谓“四大家”“五大门”的动物原始崇拜，即是对狐狸、黄鼠狼、刺猬、老鼠、蛇的敬畏心理的反映。在古人眼里，这些动物具有非凡的灵性，代表着上天和鬼神的意志。在中国民俗文化十二生肖中，老鼠是趴在牛背上前去报名、最后争得第一的，这都说明老鼠是一种灵活善变的动物，智商很高。在现代社会，迪士尼乐园创造出的“米老鼠”是闻名世界的“明星”。

清明节气的三候是有意义的。在古人看来，如果桐树不开花，说明当年必有大寒；如果田鼠不化为鹌鹑，表明国家多有贪婪残暴之人；如果彩虹不出现，说明社会上有淫乱现象。清明节气同样可由天气变化预知未来的天气，如“阴雨下了清明节，断断续续三个月”，“雨打清明前，春雨定频繁”，“清明无雨旱黄梅，清明有雨水黄梅”，“清明一吹西北风，当年天旱黄风多”，“清明北风十天寒，春霜结束在眼前”，等等。也可由天气预知农事收成，如“清明雨星星，一棵高粱打一升”，“雨打清明前，洼地好种田”，“清明冷，好年景”，等等。

在中国历史上，清明节气具有特殊性。中国人悠远的风俗习惯，如寒食节、上巳节，都在清明前后。上巳节，俗称三月三，是纪念黄帝的节日。相传三月三是黄帝的诞辰，中原地区有“二月二，龙抬头；三月三，生轩辕”的说法。传统的上巳节在农历三月的第一个巳日，后来改为三月三，沿袭下来，成为人们水边饮宴、郊外游春的节日。孔子理想中的美好生活：“莫春者，春服既成，冠者五六人，童子六七人，浴乎沂，风乎舞雩，咏而归。”就是对上巳节的写实。当代的歌曲也唱道：“又是一年三月三，风筝飞满天，牵着我的思念和梦幻，走回到童年。”农历的三月三，一般在阳历 4 月初的清明节气期间。

《周礼·春官·女巫》：“女巫，掌岁时祓除衅浴。”郑玄注：“岁时祓除，如今三月上巳，如水上之类；衅浴谓以香薰草药沐浴。”《后汉书·礼仪上》：“是月上巳，官民皆絜（洁）于东流水上，曰洗濯祓除，去宿垢疢（病），为大絜。”《后汉书·周举传》：“六年三月上巳日，商大会宾客，宴于洛水。”可见在这个日子里，人们要结伴去水边沐浴，称为“祓禊”，所谓“禊”，即“洁”，故“祓禊”就是通过自洁而消弭致病因素的仪式。

汉代学者应劭曾对上巳节做过研究，他认为，这种活动远在殷周时就已经形成，政府还专门设置女巫之职进行主持。因为此时正当季节交换，阴气尚未退尽而阳气“蠢蠢摇动”，人容易患病，所以应到水边洗涤一番。为什么要选在巳日呢？应劭解释说：“巳者，祉也。”既除掉致病因素，又祈求福祉降临。现代学者也认为这一节俗中有卫生保健的合理性。直到今天，中国乡村的老人问候人时，仍会问：“最近清洁吗？他还清不清洁？”可见，中国人曾对清洁有过相当的注意，以至于今天激愤的年轻考古工作者在上古贤人许由的墓前沉思，为“清洁的精神”致意，甚至说“所谓古代，就是洁与耻尚没有沦灭的时代”，“那是神话般的、唯洁为首的年代。洁，几乎是处在极致，超越界限，不近人情”。（张承志《清洁的精神》）

当然，春天里的习俗有年轻人参与，就又有了男欢女爱的内容。《诗经·溱洧》说：“溱与洧，浏其清矣。士与女，殷其盈兮。女曰观乎，士曰既且。且往观乎？洧之外，洵訏且乐。维士与女，伊其将谑，赠之以勺药。”翻译成现代白话就是，溱水、洧水向东方，三月春水多清凉。小伙姑娘来春游，熙熙攘攘满河旁。姑娘说道看看去，小伙回说已经逛。再去看看又何妨？瞧那洧水河滩外，实在宽大又舒畅。小伙姑娘来春游，尽情嬉笑喜洋洋，互赠芍药情意长。这正是“有女怀春，吉士诱之”。官府甚至鼓励男女欢爱，把这样的日子当作天地做媒的好日子。《周礼·媒氏》说：“中春之月，令会男女，于是时也，奔者不禁。”男女私奔也是可以理解的。三月三的上巳节堪称中国人的“情人节”，直到今天，壮族、侗族、苗族、黎族等民族仍以三月三为情人节。

三月三还是中国的“女儿节”，是少女的成人礼。少女们“上巳春嬉”，临水而行，在水边游玩采兰。故杜甫《丽人行》诗说：“三月三日天气新，长安水边多丽人。”日本的女儿节也在这一天，不同的是，日本人叫“雏祭”“桃花节”，日本人的这一节日不是给青春少女过的，而是给几岁的小女孩儿过的。

上巳节的内容可谓丰富，有清洁自身、郊外春游、踏青、男女欢爱的习俗，后来又增加了祭祀宴饮、曲水流觞等内容。魏晋以后，该节日改为三月初三，故又称重三或三月三。书圣王羲之也因实写当时的情景而心情与宇宙大化相融，写成了极富哲理的千古名文《兰亭集序》，更无意中写成了“天下第一行书”：“永和九年，岁在癸丑。暮春之初，会于会稽山阴之兰亭，修禊事也。”上巳节并入到清明节后，它丰富的习俗衰微了。在中国西南地区的一些少数民族地区，三月三仍是一个隆重而盛大的节日，从云南西双版纳每年的泼水节活动中，还可看到古时上巳节祓禊之俗的影子。这也印证了“礼失求诸野”的哲言。

中国的寒食节则以冬至后一百零五天为计，一般在清明节前一两天，又称“禁烟节”“冷节”“百五节”，是远古人在春天改火形成的习俗。先民们钻木取火，火种来之不易，取火的树种因季节变化而不断变换，因此，改火与换取新火是古人生活中的一件大事。每到初春季节，气候干燥，人们保存的火种容易引起火灾，春雷也易引起山火。古人就在此时把上一年传下来的火种全部熄灭，即是“禁火”，过几天再钻燧取出新火，作为新一年生产与生活的起点，谓之“改火”或“请新火”。在这几天无火的日子里，人们只能以冷食度日，即为“寒食”，故而得名“寒食节”。寒食禁火、清明取火的现象，在唐代诗人王表的诗中是：“寒食花开千树雪，清明日出万家烟。”

春秋时代，晋文公有过一段流亡国外的艰难岁月，介子推历经磨难辅佐他，晋文公回国做了国君，给大家封赏，介子推却到绵山隐居。晋文公烧山逼他出来，介子推母子隐迹焚身。晋文公为悼念他，下令将绵山改为介山，在介子推忌日（冬至后第105日）禁火寒食，而与民俗中固有的寒食习惯合一。晋文公还将一段烧焦的柳木做成木屐，望而感叹：“悲哉足下。”黄庭坚在《清明》一诗中说：“人乞祭余骄妾妇，士甘焚死不公侯。贤愚千载知谁是，满眼蓬蒿共一丘。”

可以说，寒食的习俗来源于禁火，来自纪念介子推的说法只是后来增富的意义。到了汉代，人们称寒食节为禁烟节，在这一天里，百姓人家不得举火，到了晚上才由宫中点燃烛火，并将火种传至贵戚重臣家中。唐朝诗人韩翃有诗《寒食》：“春城无处不飞花，寒食东风御柳斜。日暮汉宫传蜡烛，轻烟散入五侯家。”而寒食期间的生活习俗，除了禁火冷食，就是祭扫坟墓。“古之葬者，厚衣之以薪，葬之中野，不封不树。”即历史上人们对死者只安葬，而不植树、不设土堆（即坟墓标记），祭祀逝者只在宗庙进行。到了春秋晚期，人们开始封土堆、种上树木以作标记，祭祖也从宗庙改到墓地。祭坟扫墓的风俗就此流传下来，《汉书》记载，大臣严延年即使离京千里，也要定期还乡祭扫墓地。

在唐代，不论士人平民，都将寒食节扫墓视为返本追宗、慎终追远的节日，由于清明距寒食节很近，人们常常将扫墓延至清明。诗人也往往将寒食、清明并提，如韦应物有诗说：“清明寒食好，春园百卉开。”白居易说：“乌啼鹊噪昏乔木，清明寒食谁家哭。”朝廷顺从民意，规定寒食节放假四天：“（开元）二十四年（公元736年）二月十一敕：‘寒食、清明四日为假。’”到了大历十二年（公元777年），诏令衙门依例放假五天：“自今以后，寒食通清明，休假五日。”到贞元六年（公元790年），假日增加到七天。

宋代的寒食节也放假七天。北宋庞元英《文昌杂录》卷一记载：“祠部休假岁凡七十有六日，元日、寒食、冬至各七日。”寒食节有“一百五”的别称，即前述寒食节时在冬至日后的一百零五天。苏辙有诗《新火》：“昨日一百五，老稚俱寒食。”梅尧臣《依韵和李舍人旅中寒食感事》：“一百五日风雨急，斜飘细湿春郊衣。”在寒食节，人们除了禁火、寒食外，还有祭祖、踏青、插柳、荡秋千等习俗。

可见，上巳、寒食、清明各有其意义。上巳清洁身心，寒食禁火冷食祭墓，清明是农耕生活中重要的节气，提醒人们播种希望。唐代之前，寒食与清明是两个前后相继但主题不同的节日，前者怀旧悼亡，后者求新护生。唐代曾以政令的形式将民间扫墓的风俗固定在清明节前的寒食节，由于寒食与清明在时间上紧密相连，寒食节俗很早就与清明发生关联，扫墓也由寒食顺延到了清明。从唐代开始，人们在清明扫墓的同时，也伴之以踏青游乐的活动。王维诗说：“少年分日作遨游，不用清明兼上巳。”《中国传统文化大观》载：“大致到了唐代，寒食节与清明节合而为一。”

到了宋代，为了让人们能够在清明扫墓、踏青，官府特地规定太学放假三日，武学放假一日。《清明上河图》描绘的就是当时的盛世清明图景。不仅民间三节并举相沿成习，官府也规定清明到来时，可以与寒食节一起放假。清明和寒食逐渐合而为一，清明将寒食节中的祭祀习俗收归名下。同时，上巳节“上巳春嬉”的节俗也被合并到了清明节。到了明清以后，上巳节退出了节日系统，寒食节也已基本消亡。1935年中华民国政府明定4月5日为国定假日清明节。2008年，中国政府把清明节定为法定节假日，放假一天。2009年，又习惯与双休日一起调休三天。

可见，清明节本来是一个天文时间的节气，因为人文时间的效法或接近而增富了节日意义，那些人文习俗说到底是人们经过一个沉闷的冬天后急需身心调整的需要。只是这一节日一步步删繁就简地演变成一个融合了“节气”与“节俗”的综合节日，在一些人那里，甚至成了一个以扫墓祭祖为主要内容的人文节日。每逢清明节，“田野道路，士女遍满，皂隶佣丐，皆得上父母丘墓”。后来的中国人形成了在清明之日进行祭祖、扫墓、踏青的习俗。这个节日，既有慎终追远的感怀，有生离死别的黯然销魂，又有欢乐赏春的气氛，有清新明丽的生动景象。唐人杜牧有诗：“清明时节雨纷纷，路上行人欲断魂。借问酒家何处有？牧童遥指杏花村。”宋人高翥有诗：“南北山头多墓田，清明祭扫各纷然。纸灰飞作白蝴蝶，泪血染成红杜鹃。日落狐狸眠冢上，夜归儿女笑灯前。人生有酒须当醉，一滴何曾到九泉。”明《帝京景物略》载：“三月清明日，男女扫墓，担提尊榼，轿马后挂楮锭，粲粲然满道也。拜者、酹者、哭者、为墓除草添土者，焚楮锭次，以纸钱置坟头。望中无纸钱，则孤坟矣。哭罢，不归也，趋芳树，择园圃，列坐尽醉。”

清明是大地回春、生机盎然的时节，人的心情也舒展起来。此时扫墓祭祖，“慎终追远，民德归厚”。祭扫活动既能体现对家庭的尊崇，又能表达对祖先的感恩。其中有庄重，有责任，有形式感。孔子所谓，与其奢也，宁俭；与其易也，宁戚。就是说，祭祀行为本身就是让人明白人应该有所节制，有所敬畏。在先人面前，人不应该任性，为所欲为。当然，不少人狭隘地以为祭祖扫墓是求祖宗保佑，以至于祭祀时以行贿先人为计，这是势利、功利之行，更忘记了祭祀更丰富的意义。比如：祭祖也是向祖先交答卷的时候，自己的礼数、德行、功业如何？面对祖先能否无愧于心？能否在新的一年建功立业？这都是可以向逝者、亡者、先人报告的。

清明时节雨纷纷，此时的气候状态处在气温不断上升带来的光明、温暖和雨水中。这是一个决定万物生长的时节，雨水、墒情使得冬小麦和竹笋开始拔节，几乎一天一个高度；动物的骨节迅速增大，身形长高；孩子们的身体也像在抽条，增高了许多。在大时间序列里，清明节正属于节卦时空，可见，拔节、节制、节俭、节哀、慎终追远等，有极为深刻的时间规定及其意义。“君子以制数度，议德行。”而人生或日常生活能否清明，一个人是否是个干净的人，就像清明节名称本身提示的境界，在清明节期间，值得我们扪心自问。

公历 4月19日 — 4月21日

萍始生，鸣鸠拂其羽，戴胜降于桑。

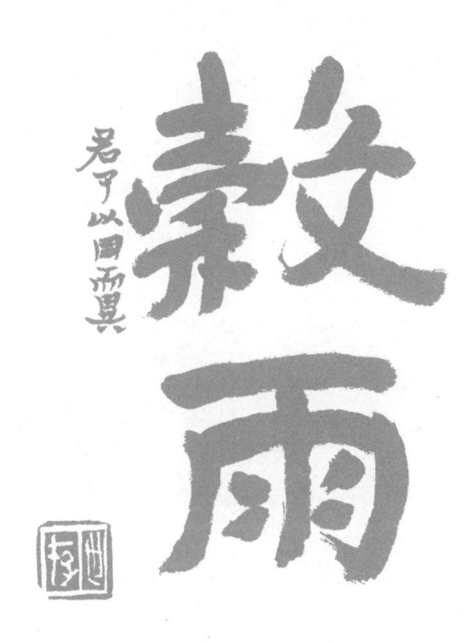

谷雨

○ 君子以同而异

老樹印信

每年的农历三月中，即阳历 4 月 19 日至 21 日，太阳到达黄经 30° 。天气温和，雨水明显增多，对谷类作物的生长发育帮助很大。《月令七十二候集解》：“三月中，自雨水后，土膏脉动，今又雨其谷于水也。雨读作去声，如雨我公田之雨。盖谷以此时播种，自上而下也。”中国人认为“雨生百谷”，此时最重要的物候之一就是布谷鸟开始唱歌，它的叫声既是“布谷布谷”，人们听来就又是“阿公阿婆，割麦插禾”，或“阿公阿婆，栽秧插禾”……先民因此称此时的节气为谷雨。

中国文化中有“昔者仓颉作书，而天雨粟，鬼夜哭”之说，民间对此的解释是仓颉造字不要上天的奖励，只求老天让人民五谷丰登，故天雨谷粒，给人间下了一场谷子雨。这一天就叫作谷雨节。

谷雨是二十四节气中的第六个节气，是春季的最后一个节气，也是唯一将物候、时令与稼穑农事紧密对应的一个节气。“清明断雪，谷雨断霜”，谷雨节气的到来意味着寒潮天气基本结束，极利于农作物中谷类作物的生长。有意思的是，此时江南地区秧苗初插、作物新种，最需要雨水的滋润，恰好此时的雨水也较多，每年的第一场大雨一般就出现于此时，对水稻栽插和玉米、棉花的苗期生长有利。

谷雨节的天气谚语大部分围绕着有雨无雨，如“谷雨阴沉沉，立夏雨淋淋”，“谷雨下雨，四十五日无干土”，等等。更多的农谚则是关于农作物的，如“谷雨天，忙种烟”，“苞米下种谷雨天”，“过了谷雨种花生”，等等。

“谷雨，谷得雨而生也”。人们还说，“谷雨前，好种棉”，“谷雨不种花，心头像蟹爬”。自古以来，棉农把谷雨节作为棉花播种指标，编成谚语，世代相传。

谷雨的物候是，一候萍始生，二候鸣鸠拂其羽，三候戴胜降于桑。是说谷雨后降雨量增多，第一个五天里，人们看到浮萍开始生长；第二个五天里，人们看到布谷鸟梳理它的羽毛；第三个五天里，人们在桑树上能见到戴胜鸟。

这些物候都有征兆的意义。浮萍不能经霜，故浮萍生意味着倒春寒一类的降温不会再发生了。如果水面不生浮萍，则说明阴寒之气极盛，倒春寒的现象会出现。鸣鸠是因为此时鸠春鸣性也，有求偶之意；拂其羽，因为其时当换羽矣，其羽又甚厚，故梳理以示美。当然，人们还通过观察，认识到，“鸣鸠不拂其羽，国不治兵”。就是说，这样的鸟到此时不梳理其羽，说明时令不利于生物生育生长，天地违和，农作物极可能歉收，人间也难以政通人和。而戴胜鸟降于桑树，则提醒人们蚕宝宝将要生了。古人认为，如果戴胜鸟不落桑树上，说明政令教化会落空。

先民观察总结的物候不只是偶然挑选以做记认岁月时令的符号、记号，这些物候在与人类共生的历史里，也以其物性进入了人文的殿堂。浮萍不仅是一味中药，更有中国人对人生社会的兴寄。中国人几乎都了然于“风起于青蘋之末”意义，也因对浮萍漂泊无定而感慨过人生的变化无常。杜甫诗说：“相看万里外，同是一浮萍。”年轻的天才王勃也写过名句：“关山难越，谁悲失路之人；萍水相逢，尽是他乡之客。”柳宗元则感慨：“春风无限潇湘意，欲采蘋花不自由。”文天祥告白说：“山河破碎风飘絮，身世浮沉雨打萍。”同样年轻的天才纳兰性德则说过：“半世浮萍随逝水，一宵冷雨葬名花。魂似柳绵吹欲碎，绕天涯。”

鸠的种类很多，如斑鸠、布谷鸟。对谷雨节气的物候，后来人多认为是指布谷鸟。斑鸠的叫声是：“咕咕——嘟！咕咕——嘟！”相比而言，布谷鸟的叫声要高亢得多。不管如何，两者都有谷音。这导致有人把二者混淆，如明朝张岱《夜航船》中说：“布谷即斑鸠。”但张岱的展开并无错误，他由布谷引申说：“杜诗‘布谷催春种’。张华曰：农事方起，此鸟飞鸣于桑间，若云谷可布种也。又其声曰：‘家家撒谷。’又云：‘脱却破裤。’因其声之相似也。”布谷鸟还有杜鹃、子规、催归、杜宇等名字。在民间传说中，古蜀国的一位国王名叫望帝，死后化为子规，也就是布谷鸟，每到春天，就飞来提醒他那些游玩在外的百姓“不如归去，不如归去”，“快快布谷，快快布谷”，以至于嘴巴啼叫得流出血来，洒在地上染遍了山坡，花吸收后成为红艳的杜鹃花。

可以说，清明时节是杨花飘絮的时候，谷雨时节则是布谷鸟急切催促的时候。李白有诗“杨花落尽子规啼”。对于杜鹃，中国人移情而寄托了无限的凄切、哀伤，李商隐写过“庄生晓梦迷蝴蝶，望帝春心托杜鹃”。秦观写过“可堪孤馆闭春寒，杜鹃声里斜阳暮”。文天祥写过“从今别却江南路，化作啼鹃带血归”。当然，还有更积极的人生姿态，如王令的名句“子规夜半犹啼血，不信东风唤不回”，更有伸展的人生坐标，如王维的名句“万壑树参天，千山响杜鹃”。

至于戴胜鸟降于桑树，在中国生活里也是一件大事。几千年前，中国的先民就栽桑养蚕，可谓文明史上极为伟大的发现。古史上有伏羲“化蚕”，嫘祖“教民养蚕”的传说，又说黄帝元妃西陵氏为“先蚕”，即最早养蚕的人。中国人最早利用蚕丝，桑蚕是中国农业结构中极为重要的组成部分。它和大麻、苎麻，以及后来的棉花一道，是中国人主要的衣着原料。两千年前的思想家如孟子等人对民生问题进行切实设计时，蚕桑是其中应有之义：“五亩之宅，树之以桑，五十者可以衣帛矣。鸡豚狗彘之畜，无失其时，七十者可以食肉矣。百亩之田，勿夺其时，数口之家，可以无饥矣；谨庠序之教，申之以孝悌之义，颁白者不负戴于道路矣。”

中国的先民独享丝绸三四千年之久，直到公元前后外传。据说，罗马人知道丝绸是在卡莱战役中，对手在太阳底下举起的丝绸旗帜晃得他们以为天外来物，因而大惊失色。罗马人一度以黄金换丝绸，罗马元老院一度禁止穿绸衣，丝绸衣服被认为是颓废和不道德的。中国的丝绸贸易，将古代的亚洲、欧洲甚至非洲的文化联结在一起，“丝绸之路”被称为“流动的文化运河”，又像是一条彩带联结了大半个地球，它以最轻、最柔软的质地征服东西方人。当然，受益最为丰富的仍是中国人，春蚕、桑树成为中国人生活的组成部分，陶渊明有诗“狗吠深巷中，鸡鸣桑树颠”。李商隐的名句同样感动一代代的中国人，“春蚕到死丝方尽，蜡炬成灰泪始干”。

时间的奇妙在此可见一斑，在大时间序列里，此时恰为雷泽归妹时空，即湖泽上空的雷雨之象，这是天道；浮萍也好，布谷鸟也好，戴胜鸟也好，如时钟一样准时生发、发声，这是地道；人们知道此时要播谷、种棉、养蚕，当然，还有归妹，一种哥哥妹妹“之子于归，宜其室家”的人间生活也在此时展开，这是人道。这就是中国文化中的天人合一或天人相印。

那么，对积极投入生活的君子来说，在谷雨节气里应该有何作为呢？先哲对归妹时空观察后说，君子以永终知敝。就是说，君子要懂得天长地久，有始有终，要懂得敝坏之理。当然，谷雨节气，柳絮飞落，杜鹃夜啼，牡丹吐蕊，樱桃红熟。南北朝时期的丘迟写过名句："暮春三月，江南草长，杂花生树，群莺乱飞。"这是一个令人左顾右盼的季节，民谚有"谷雨过三天，园里看牡丹"，"芍药打头，牡丹修脚"等说法，即是形容这一节气百花盛开的春色。睽卦时空紧接着归妹时空出现在谷雨时节，这是睽视、读取大自然、阅尽春色的好时光，后来的"世界读书日"正好定在这一时空。先哲对睽卦时空的系辞是："君子以同而异。"君子在相同的事物里能见出微妙的差异，君子也应当和而不流，特立独行。即同为纷繁的世界中之一员，而异于他者之持守自己。

诗人穆旦对同异有自己的观察："相同和相同溶为怠倦，在差别间又凝固着陌生；是一条多么危险的窄路里，我驱使自己在那上面旅行……再没有更近的接近，所有的偶然在我们间定型；只有阳光透过缤纷的枝叶，分在两片情愿的心上，相同。等季候一到就要各自飘落，而赐生我们的巨树永青，它对我们不仁的嘲弄，（和哭泣）在合一的老根里化为平静。”

在中国人的观察里，谷雨节气的养生也较重要。跟清明一样，谷雨也是人们补身的好时机，人的消化功能旺盛，有利于吸收营养。由于天气转温，人们的室外活动增加，北方地区的桃花、杏花等开放；杨絮、柳絮四处飞扬，过敏体质的人们应注意防止花粉症及过敏性鼻炎、过敏性哮喘等。在饮食上应减少高蛋白质、高热量食物的摄入。

跟清明前出产的茶称为“明前茶”相似，雨前茶就是谷雨茶，是谷雨时节采制的春茶，又叫二春茶。谷雨茶与清明茶同为一年之中的佳品：春季温度适中，雨量充沛，加上茶树经半年冬季的休养生息，使得春梢芽叶肥硕，色泽翠绿，叶质柔软，富含多种维生素和氨基酸，使春茶滋味鲜活，香气怡人。谷雨茶除了嫩芽外，还有一芽一嫩叶的或一芽两嫩叶的；一芽一嫩叶的茶叶泡在水里像展开旌旗的古代的枪，被称为旗枪；一芽两嫩叶则像一个雀类的舌头，被称为雀舌。而关于品茗，在中国文化里也是一门大学问。君子以同而异，在喝茶一事上的享受正是如此微妙地同中有异。郑板桥有诗：“几枝新叶萧萧竹，数笔横皴淡淡山。正好清明连谷雨，一杯香茗坐其间。”

公历 5月5日—5月7日

蝼蝈鸣，蚯蚓出，王瓜生。

立夏

○ 君子以辅相天地之宜

老树印信

当太阳到达黄经45°，是为太阳回归年的5月6日前后，北半球的春天算是过去了。“斗指东南，维为立夏，万物至此皆长大，故名立夏也。”“立，建始也，夏，假也，物至此时皆假大也。”在天文学上，立夏表示告别春天，进入到夏天了。

我们说过，天文时间、地球生物时间、人文时间并非严格一致，它们之间有一种“罗致协从”的关系，即天文时间，日地系统率先进入一种关系形态，地球生物系统紧跟其后，人类的认知感受再其后，这就是中国文化称道的“象天法地”。以夏来说，虽然立夏在每年阳历的5月左右，但中国人经常以6月、7月和8月三个月为夏季；在气候学上，中国学者张宝坤结合物候现象与农业生产，于1934年提出了候温法的分季方法。候（五天）平均气温稳定降低到10℃以下作为冬季开始，稳定上升到22℃以上作为夏季开始；候平均气温从10℃以下稳定上升到10℃以上时，作为春季开始；候平均气温从22℃以上稳定下降到22℃以下时，作为秋季开始。

立夏时节我国南北的气温差异较大，而且同一地区波动频繁，中国只有福州到南岭一线以南地区真正进入夏季，而东北和西北的部分地区这时则刚刚进入春季，大部分地区平均气温在 18℃ ~ 20℃。对中国内地的北方地区而言，气温回升很快，但降水仍然不多，加上春季多风，蒸发强烈，大气干燥和土壤干旱严重影响农作物的正常生长。“立夏三天遍地锄”，这时杂草生长很快，“一天不锄草，三天锄不了”。对南方来说，则是另一种风光或另一种农事，立夏后的江南正式进入雨季，雨量和雨日均明显增多。“多插立夏秧，谷子收满仓”，南方早稻插秧的农忙就在此时，而插秧时能否下雨就显得极为重要，“立夏不下，犁耙高挂”，“立夏无雨，碓头无米”。

无论南北差异如何大，对中国内地来说，“孟夏之日，天地始交，万物并秀”。这时夏收作物进入生长后期，冬小麦扬花灌浆，油菜接近成熟，夏收作物年景基本定局，故农谚有“立夏看夏”之说。水稻栽插以及其他春播作物的管理也进入了大忙季节。故农耕社会极重视立夏节气。周朝时，立夏这天，帝王要亲率文武百官到郊外“迎夏”，并指令司徒等官去各地勉励农民抓紧耕作。

立夏的物候是，一候蝼蝈鸣，二候蚯蚓出，三候王瓜生。即说这一节气中首先可听蝼蝈在田间的鸣叫声，接着大地上便可看到蚯蚓掘土，然后王瓜的蔓藤开始快速攀爬生长。古人附会说，如果蝼蝈不叫，意味着地面积水漫溢；如果蚯蚓不出，说明宠妃会夺去王后性命；如果王瓜不生，表明贵族要遭困穷。

先民对夏季三月的称呼仍依孟、仲、季来指代第一、第二、第三，也有以伯、仲、叔来称呼的。仲夏即指夏天的第二个月，一般指农历五月。如按太阳年来划分，孟夏是6月，仲夏是7月，季夏是8月。对农民来说，夏也有三夏，即夏收、夏种、夏管。立夏日的阴晴风雨也能预兆一年的丰歉，雨量、风向与收成关系极密切。农谚就有“立夏东风雨涟涟”“雷打立夏，三天来一下（指多雨）”“立夏不下雨，犁耙高挂起”“立夏不下，旱到麦罢”之说。

中国先民对夏的理解是一个空间意义，“夏”字的本义是“面向南方”。古人观念以南为生，以北为死；以南为阳，以北为阴；以南为前，以北为后。即正南方是中国人的基准方向。古人描述的中国：前交趾，后幽都，左东海，右流沙。二十八宿四象：前朱雀，后玄武，左苍龙，右白虎。“夏”意为“面南止步”（持久向南）。故古人以夏季位配南方，“夏人”即南方人。

“夏，假也。”这个“假”有非真实、非本质之意，如果以热胀冷缩来理解夏天万物的生长膨胀之谓假，倒的确形象。夏因此有大之义。“夏”在羌语和藏语中都是“伟大、强大”的意思。春秋时代的中国人说：“夏，大也。故大国曰夏。”《说文》：“夏，中国之人也。”夏从一个时间物候之词，一步步假借并丰富其含义，以至成为国家、文化的名称。“中国有礼仪之大，故称夏；有服章之美，谓之华。”

夏还有诸多别称。《尔雅》中，夏为“朱明”“长嬴”“昊天”等。《汉书·礼乐志》说：“朱明盛长，旉与万物。”古人称说的长夏即指农历四、五、六月的初夏、仲夏和季夏，相当于太阳历的5月、6月和7月三个月。古人还把夏季最热的伏天称为“盛夏”，暑伏天时酷热难耐，人们盼着快点度过，故又有“消夏”“消暑”之俗称。

当然不止中国人对夏天的感受深刻，地处热带的印度，气候燠热多雨，夏天虫蚁繁殖迅速，草木生长繁茂，出家人为避免出外托钵行化时踩伤虫蚁和草木新芽，故规定严禁无故外出，以防离心散乱，而聚居一处，安心修道，称为“结夏安居”。这一制度传到中国，即是结夏、坐夏、坐腊、结制等。唐人曹松《送僧入蜀过夏》诗：“师言结夏入巴峰，云水回头几万重。”宋人范成大《偃月泉》诗：“我欲今年来结夏，莫扃岫幌掩云关。”

五脏之中的心对应夏。《黄帝内经》曰：“夏三月，此谓蕃秀；天地气交，万物华实。”天气渐热，植物繁盛，此季节有利于心脏的生理活动，人在与节气相交之时故应顺之。《医学源流论》曰：“心为一身之主，脏腑百骸皆听命于心，故为君主。心藏神，而主神明之用。”《医学入门》曰：“血肉之心形如未开莲花，居肺下肝上是也。神明之心……主宰万事万物，虚灵不昧是也。”夏日气温升高，加剧了人们的紧张心理，极易烦躁不安，心火过旺，好发脾气。故立夏之时，情宜开怀，安闲自乐，切忌暴喜伤心。

对中国人来说，立夏是三阳开泰的日子。立夏时，古人有迎夏仪式。君臣一律穿朱色礼服，配朱色玉佩，连马匹、车旗都要朱红色的，以表达对丰收的祈求和美好的愿望。皇宫里，“立夏日启冰，赐文武大臣”。清《燕京岁时记》记载：“京师自暑伏日起至立秋日止，各衙门例有赐冰，届时由工部颁给冰票，自行领取，多寡不同，各有等差。”这一贮冰抵御溽暑之法在两千年前的周代就开始了。《周礼·凌人》：“鉴如甀，大口，以盛冰，置食物于中，以御温气。”《诗经》：“二之日凿冰冲冲，三之日纳于凌阴。”二之日、三之日即相当于农历腊月和正月，凿冰之声咚咚，正月时藏冰于冰库。宋人杨万里有诗：“帝城六月日卓午，市人如炊汗如雨。卖冰一声隔水来，行人未吃心眼开。”明清皇宫内设有管冰事的官员，谓之“凌人”，专管斩冰、藏冰、用冰等事宜。

立夏日还有称重的风俗。人们在村口或台门里挂起一杆大木秤，秤钩悬一条凳子，大家轮流坐到凳子上称。司秤人一面打秤花，一面讲着吉利话。称老人要说“秤花八十七，活到九十一”。称姑娘说“一百零五斤，员外人家找上门。勿肯勿肯偏勿肯，状元公子有缘分”。称小孩则说“秤花一打二十三，小官人长大会出山。七品县官勿犯难，三公九卿也好攀”。蔡云有诗：“风开绣阁扬罗衣，认是秋千戏却非。为挂量才上官秤，评量燕瘦与环肥。”

先民在立夏来临时也有惜春之感，故会在立夏日备酒食为欢，好像送人远去，名为饯春。吴藕汀《立夏》诗说：“无可奈何春去也，且将樱笋饯春归。”立夏尝新、尝鲜也是应有之义。蚕豆、苋菜、黄瓜为“地三鲜”；樱桃、枇杷、杏子为“树三鲜”；海蛳、河豚、鲥鱼为“水三鲜”。还有“立夏得食李，能令颜色美”，立夏吃桑葚、樱桃等食俗。苏州一带则有“立夏见三新”之说，三新为樱桃、青梅和麦子，用以祭祖。还可以吃“立夏饭”“立夏狗”“立夏蛋”，喝“立夏茶”“立夏粥”，“一碗立夏粥，终身不发愁；入肚安五脏，百年病全丢”。

在大时间序列里，立夏正是天泽履卦和地天泰卦交接的时空。天泽履，天地相应，应验了大地农作物需要雨水的特征；地天泰，三阳开泰，应验了万物自此走向通泰繁茂。雨水多，大地泽水泛滥。先人在此时段发明了鞋子以履泥泞，卦象上天下泽，悦而健行，是要以柔驯欢悦的态度去行走。雨天走路，有危险，但人们走路也像舞蹈一样。手之舞叫舞，足之舞叫蹈，即是履。履践，是儒学中重要的观念，“以躬行为务，非徒从事于口”。履既指脚踏实地，又指在生长中互动而必然出现的礼仪、秩序。履践，即让自己活在世界之中，而非遗世独立。先哲为此给这个时空系辞说：“君子以辩上下，定民志。”即君子效法这一时空的意义，明辨上下的分工，以安定民心。

至于通泰时空，“后以财成天地之道，辅相天地之宜，以左右民”。天地阴阳之气互相交感沟通，是通泰之象。君王效法它的精神，从而要裁制天地之道，使其成功发展，辅佐天地自然所宜，以帮助民众。也有人说，天地阴阳之气交感，让人想到夏后氏开启私有财产制度，承认人性之私，将财产造就成天地之间的标准或大道，根据天地气候之变化相宜，辅助百姓按时搞好生产生活，使百姓身心得以安康。直到今天，财产仍是人类文明中最为关键的通货。个人、家庭、国家，有了这一通货才能通泰。在此基础上，三阳开泰演变成三羊开泰，即是说民生要得到切实的保证。乾隆皇帝的一首诗深得此中真义：“岂无九重居，广厦帘垂湘。冰盘与雪簟，潋滟翻寒光。展转苦热烦，心在黔黎旁。”

可见立夏在中国文化里有其超越天文时令的意义。跟“春”“秋”一样，夏也具有丰富的人文含义，“凡物之壮大者而爱伟之，谓之夏”。大屋也称夏，高楼大厦即是夏屋：“曾不知夏之为丘兮，孰两东门之可芜？”在上古中国，大水也称夏；汉水就曾称为夏水，汉口则称为夏口。屈原有诗："去故乡而就远兮，遵江夏以流亡。"春生夏长，中国文化不仅有"学生"一说，也有"学长"一词。学习生存，领悟生活之后，还要懂得成长的意义，懂得人生于天地之间的道理；学长，在学生的基础上多了一种秩序感、责任感，多了一种给予、付出的精神。我们由此说，立夏之义可谓大哉。

公历 5月20日—5月22日　　　　苦菜秀，靡草死，麦秋至。

小满　　　　○ 君子以饮食宴乐

老树印信

每年5月20日至22日之间，太阳到达黄经60° 时，北半球的节气物候又发生了变化。《月令七十二候集解》：“四月中，小满者，物至于此小得盈满。”在中国内地的北方地区，麦类等夏熟作物籽粒已开始饱满，但还没有成熟，相当乳熟后期，所以叫小满，“小满不满，麦有一险”。南方地区总结的农谚则说“小满不满，干断田坎”，“小满不满，芒种不管”。把“满”用来形容雨水的盈缺，即小满时田里如果蓄不满水，就可能造成田坎干裂，甚至到下一个节气即芒种时也无法栽插水稻。

小满节气跟雨水相关。如果北方冷空气深入到南方，南方暖湿气流也强盛的话，那么就很容易在华南一带造成暴雨或特大暴雨。“小满大满江河满”，小满节气的后期往往是南方防汛的紧张阶段。在长江中下游地区，“小满不下，黄梅偏少”，“小满无雨，芒种无水”。在黄河流域的麦产区，小麦刚刚进入乳熟阶段，如无雨水，再受干热风的侵害，就会导致小麦灌浆不足、籽粒干瘪，因而减产。

小满节气跟农事相关。传统农谚说：“小满动三车，忙得不知他。”三车指水车、油车和丝车。此时，农田里的庄稼需要充裕的水分，农民们要忙着踏水车翻水。收割下来的油菜籽也等待着农人们去舂打，做成清香四溢的菜籽油。农活不能耽误，家里的桑蚕业也到了紧张关头，小满前后，蚕要开始结茧了，养蚕人家忙着摇动丝车缫丝。《清嘉录》中记载：“小满乍来，蚕妇煮茧，治车缫丝，昼夜操作。”

从小满节气开始，中国内地各地都是渐次进入了夏季，南北温差进一步缩小，降水进一步增多。在北方的小麦产区，此时宜抓紧麦田虫害的防治，预防干热风和突如其来的雷雨大风、冰雹的袭击。干热风对开花到乳熟期间的小麦危害极大。它加速作物的蒸发量，使作物体内的水分很快蒸发出去，破坏叶绿素，停止作物的光合作用，使其茎叶很快枯萎，因而籽粒干瘪、皮厚、腹沟深，千粒重下降，一般减产5% ~ 10%，严重的减产30%以上。南方地区，则要抓紧水稻的追肥、耘禾，抓紧晴天进行夏熟作物的收打和晾晒。如果出现夏旱、出现低温阴雨天气，也会影响早稻稻穗发育和扬花授粉。此时的低温阴雨天气俗称“五月寒”，又称“小满寒”。

小满节气跟生长相关，是反映生物受气候变化的影响而出现生长发育现象的节气。大自然如此，人也如此。人体的生理活动在此节气处于最旺盛的时期，消耗的营养物质在二十四节气中最多，故人体应及时补充营养，才能使身体五脏六腑不受损伤。

小满节气的物候是，一候苦菜秀，二候靡草死，三候麦秋至。即是说小满节气中，苦菜已经枝叶繁茂，而喜阴的一些枝条细软的草类在强烈的阳光下开始枯死，然后麦子开始成熟。新鲜的麦穗可以尝出甘甜之味。早一点的麦种，都是带麦芒的，掐一个麦穗，扽一个麦芒，就可以品尝到新鲜的麦子了。嫩麦子颗粒里面，是一小汪浓浓的、甜甜的乳白色的汁；再成熟点的麦子，放在手里搓出一小把的麦粒，放进嘴里咀嚼出香甜来。在古人眼里，如果苦菜不开花，说明贤人潜伏不出；如果靡草不枯死，说明国内盗贼泛滥；如果气候不变热催熟麦子，那是阴气太凶恶。

在一年生计中，小满是从青黄不接的日子里迎来新鲜粮食接济的节气。在传统社会多有“短缺”的农耕生活里，春末夏初，旧年的粮食往往已经吃光了，人们只能以“瓜菜代”来过日子。先民对小满物候的观察以“苦菜秀”为一大特征，正说明“苦菜充饥”的历史事实。“苦苦菜，带苦尝，虽逆口，胜空肠。”

对先民来说，在小满节气里迎来“麦秋至”有重大的意义。品尝到新麦意味着身体获得了新一年的能量，得到了新生之加持。但历史上有名的“尝新麦”的故事是一场悲剧或闹剧。公元前 581 年，晋景公做了一个噩梦，梦见鬼魂骂他。他召来桑田巫，桑田巫解梦后预言他活不长了，等不到吃新麦就会死，“不食新矣”。景公病重，他向“国际社会求医”，秦国派来名医医缓。景公梦见有两个小鬼因害怕医缓而说要逃到肓之上、膏之下，医缓来后诊断景公的病已经无药可治，“病入膏肓”。到了丙午这一天，景公想吃新麦，就命人把田里的麦子收上来做了麦食。他把桑田巫召来，见证自己能够吃到新麦后就把桑田巫杀了。但景公正要吃麦食时，肚子痛了起来，这位视人命如草芥的国君只好去上厕所，结果他掉进粪池里淹死了。“将食，张；如厕，陷而卒。”

关于饮食的故事或记忆在小满节气里有很多。天地运行的逻辑对生息其间的生命来说，有其想象力、认知力难以抵达的神奇。小麦在此时要灌浆成熟，需要雨水。有了雨水，每亩地增产一二百斤是常事；如果没有雨水，就会减产，乃至颗粒无收。但大自然与天体运动之间的关系匪夷所思，生物在千万年的演进里，有着气候年周期的记忆。似乎小麦记得此一时段阴阳比例构成的雨水情况，本能地选择在此时灌浆以待结实。这样的大自然奇观举不胜举。夏季的雨水对中国内地的主要农作物黍、稷、麦、稻的成熟至关重要。

这一时空的卦象确实是水天卦。先人们的记忆也接近麦苗，他们跟麦苗一样抬眼望天，直接把上水下天卦象中的水写成“雨”字，把天写成人站在田头望天求雨的形象，后者演变成而，水天卦因此就是需卦。一个等待、需要的卦。

需卦时空是一个生长期的时空，自然之象是仰天等待雨水，人生之象则是青少年时期等待饮食。雨水与阳光给植物提供了饮食所需，植物给食草动物提供了饮食所需，动植物又给人类提供了饮食所需。在生长期，万千生物最重要的是饮食之道。人们说，老天爷是多守信的啊，你需要雨水就给你生命的活水。《圣经》中的《启示录》则说："此后，从各方来了许许多多不同国度不同民族的人，都身穿白衣，手执棕树枝，站在宝座和羔羊面前，向宝座上的上帝和羔羊敬拜、赞颂，众天使也面伏于地，敬拜上帝和羔羊……于是长老告诉约翰，他们才脱离了大患难，他们的白衣曾用羔羊的血洗净，他们昼夜在神殿中侍奉神，不再受饥渴日晒之苦，羔羊牧养他们，领他们到达生命泉水之源，上帝给他们擦去忧伤的眼泪。"

小满节气之于生命的意义可谓重大，它让人们更深刻地把握日常饮食。中国的先哲对此时空观象系辞说："云上于天，需。君子以饮食宴乐。"云气上升到天上，这是需卦时空。君子在此时机尚未成熟的时候，需要等待，唯有守着正道，不急于躁进，安心以饮食调养身体，宴乐联谊众人，以养心志，团结奋斗。

事实上，在饮食方面，历史上是有等级规定的。《尚书》记载："惟辟作福，惟辟作威，惟辟玉食。"即只有特权人士才能作威作福，锦衣玉食。《礼记·王制》说：“诸侯无故不杀牛，大夫无故不杀羊，士无故不杀犬豕，庶人无故不食珍。”周代规定天子的饮食是：“食用六谷，膳用六牲，饮用六清，羞用百有二十品，珍用八物，酱用百有二十瓮。”汉朝礼制规定：天子“饮食之肴，必有八珍之味”。所谓八珍即指：淳熬，肉酱油烧稻米饭；淳母，肉酱油烧黄米饭；炮豚，煨烤炸炖乳猪；炮牂，煨烤炸炖母羔；捣珍，烧牛、羊、鹿里脊；渍，酒糟牛羊肉；熬，类似五香牛肉干；肝膋，网油包烤狗肝。

关于饮食的悲喜剧太多了。“灵公元年春，楚献鼋于灵公。子家、子公将朝灵公，子公之食指动，谓子家曰：‘佗日指动，必食异物。’及入见灵公，进鼋羹，子公笑曰：‘果然！’灵公问其笑故，具告灵公。灵公召之，独弗予羹。子公怒，染其指，尝之而出。公怒，欲杀子公。子公与子家谋先。夏，弑灵公。”“染指”“食指大动”由此而来。中国人对味觉的痴迷也许高于视觉、听觉，史书记载张翰因思念故乡的美食而弃官。“翰因见秋风起，乃思吴中菰菜、莼羹、鲈鱼脍，曰：‘人生贵得适志，何能羁宦数千里以要名爵乎！’遂命驾而归。”

中国人对饮食的重视使得很多人临死之前回味着美食，如金圣叹被杀之前说，花生米与豆干同嚼，大有火腿之滋味。瞿秋白就义前感叹，中国的豆腐也是很好吃的东西，世界第一。有人以为，人们对味觉的终生迷恋表明他们的人格心理多停留在儿童口腔期阶段。孙中山思考《建国方略》，开篇即是谈饮食：“我中国近代文明进化，事事皆落人之后，惟饮食一道之进步，至今尚为文明各国所不及。中国所发明之食物，固大盛于欧美；而中国烹调法之精良，又非欧美所可并驾。”

中国文化对时空的把握多会落实到身体语言上来，对小满节气的观察就是如此，人们还以色声味触等来理解时间的属性。如夏天的味道，在中国人看来，就是苦味。夏天的瓜果蔬菜多有苦味，人们甚至直接以苦命名，如苦瓜、苦菜等。《诗经》曰：“谁谓荼苦？”什么是苦味？人们说：“感火之气而苦味成。”可见中国人很早就发现了苦味与火热的夏天之间的关系。苦菜是中国人最早食用的野菜之一。《周书》：“小满之日苦菜秀。”《诗经》：“采苦采苦，首阳之下。”苦菜遍布全国各地，宁夏人叫它“苦苦菜”，陕西人叫它“苦麻菜”，李时珍称它为“天香菜”。《本草纲目》：“（苦苦菜）久服，安心益气，聪察少卧，轻身、耐老。”中国人认为，心火旺是有问题的，此时需要吃“苦”来排毒。不同于“辛苦”这一词汇，中国人对“心苦”有更难为外人道的体验。心之孤苦不仅是一种心理体验，更是一种身体的经验。鲁迅感叹对心的把握之难：“抉心自食，欲知本味。

创痛酷烈，本味何能知？……痛定之后，徐徐食之。然其心已陈旧，本味又何由知？”无论是痛苦还是孤苦，都是绝对的苦，我们难以言传。

苦味是夏天的本味，是南方的本味，也是青春的本味。青春需要吃苦，夏天需要吃苦，南方食物有苦味之底蕴，往往要加上糖以中和提鲜。相对应的，春天（东方）的本味是酸，秋天（西方）的本味是辛辣，冬天（北方）的本味是咸。生命在时空坐标里要深味当下的本质。这是时空的逻辑，是生命的逻辑。中国人称赞一个人会说，吃苦耐劳，其实也说明了一个生命之坚韧持久（劳）跟苦相关。理解了这一点，我们能够更真切地理解老子的教导：“五色令人目盲，五音令人耳聋，五味令人口爽，驰骋畋猎，令人心发狂，难得之货，令人行妨。”

公历. 6月5日 — 6月7日

螳螂生，鵙始鸣，反舌无声。

芒种

○ 君子以非礼勿履

老树印信

每年6月6日前后，太阳抵达黄经75°的位置，对处于北半球的中国内地来说，是农忙的时节。太阳给予地球的能量，在此前后有一个奇妙的安排。我们说过此前的小满节气里农作物对雨水的渴求，对风的需要。能量的外化表现确实先雨后风，先灌浆再风干结实。到了6月，冬春作物可以收割，夏秋作物可以栽种了。这个节点，是农历的第九个节气，夏天的第三个。仲夏来临了。

《月令七十二候集解》里说："五月节，谓有芒之种谷可稼种矣。"意指大麦、小麦等有芒作物种子已经成熟，抢收十分急迫。晚谷、黍、稷等夏播作物也正是播种最忙的季节，故称"芒种"。其字面意思就是"有芒的麦子快收，有芒的稻子可种"。此时，麦穗上的芒又细又长，麦芒由麦的叶退化而成，它可以抑制麦粒的蒸腾作用，增加麦的产量。种，从禾从重，先种后熟，既指个大、饱满之种子，又指重新种植。《周礼·地官·稻人》载："泽草所生，种之芒种。"意思是说，泽草丛生的地方可种庄稼。春争日，夏争时，"争时"即指这个时节的收种农忙，"芒种栽薯重十斤，夏至栽薯光根根”。马永卿《懒真子录》:“所谓芒种五月节者，谓麦至是而始可收，稻过是而不可种矣。”

人们常说“三夏”大忙季节，即指忙于夏收、夏种和春播作物的夏管。长江流域“栽秧割麦两头忙”，华北地区“收麦种豆不让晌”。“芒种”也称为“忙种”“忙着种”，“芒种”到来预示着农民开始了忙碌的田间生活。《芒种谣》如此唱道:“芒种忙，麦上场，起五更来打老晌。抢收抢运抢脱粒，晒干扬净快入仓。芒种忙，种秋粮，玉米高粱都耩上。高地芝麻洼地豆，雨插红薯栽稻秧。”

芒种时节沿江多雨，黄淮平原也即将进入雨季。华南东南季风雨带稳定，是一年中降水量最多的时节。长江中下游地区先后进入梅雨季节，雨日多，雨量大，日照少，有时还伴有低温。若遇连阴雨天气及风、雹等，往往使小麦不能及时收割而导致麦株倒伏、落粒、穗上发芽霉变及“烂麦场”等，到手的庄稼就会毁于一旦。故有农谚:“收麦如救火，龙口把粮夺。”

麦收以后应抓紧抢种抢栽，时间就是产量，即使遇上干旱，也要积极抗旱造墒播种，切不可消极等雨，错过时机。“芒种忙，下晚秧。”即使阴雨连绵，农民也要抢种。宋人范成大的《芒种后积雨骤冷》诗就如此说:“梅霖倾泻九河翻，百渎交流海面宽。良苦吴农田下湿，年年披絮播秧寒。”

芒种节气充满了田间气息，中国内地各地对此节气都有切实的总结。陕西、甘肃、宁夏是“芒种忙忙种，夏至谷怀胎”。广东是“芒种下秧大暑莳”。江西是“芒种前三日秧不得，芒种后三日秧不出”。贵州是“芒种不种，再种无用”。福建是“芒种边，好种籼，芒种过，好种糯”。江苏是“芒种插得是个宝，夏至插得是根草”。山西是“芒种芒种，样样都种”，“芒种糜子急种谷”。四川是“芒种前，忙种田；芒种后，忙种豆”。东北是“过了芒种，不可强种”。

芒种时节炎热，消耗体力多，人们要注意多喝水以补充水分，要注意养生。天热易出汗，衣服要勤洗勤换，要“汗出不见湿”，因为若“汗出见湿，乃生痤疮”。无论是南方还是北方，都有出现35℃以上高温天气的可能。黄淮地区、西北地区东部可能出现40℃以上的高温天气，但一般不是持续性的高温。在华南的台湾、海南、福建、两广等地，6月的平均气温都在28℃左右。这个时候极容易犯懒昏睡，头脑难得清爽。谚语说：“芒种夏至天，走路要人牵；牵的要人拉，拉的要人推。”夏日昼长夜短，午休可助人消除疲劳，有利健康。

芒种本身是反映农业物候现象的节气。此时大自然中的物候现象则是，一候螳螂生，二候鵙始鸣，三候反舌无声。在这一节气中，螳螂在去年深秋产的卵，因感受到阴气初生而破壳生出小螳螂；喜阴的伯劳鸟开始在枝头出现，并且感阴而鸣；与此相反，能够学习其他鸟鸣叫的反舌鸟，却因感应到了阴气而停止了鸣叫。古人说，螳螂不生出，这叫阴气灭息；伯劳鸟不叫，说明政令不行而奸邪逼人；反舌鸟还在叫，定有巧佞之人在君侧。

我们现代人对这三种物候已经失去了感觉，但在古人那里，螳螂、伯劳鸟、反舌鸟都有极为丰富的意义。在古希腊，人们不仅将螳螂视为先知，还称其为祷告虫，因螳螂前臂举起的样子像祈祷的少女，故如此命名。在中国，螳螂是勇士，又是无知无畏的象征，还是人们效法的榜样。螳臂当车、螳螂捕蝉黄雀在后等成语千百年来为中国人熟知。明末清初，胶东人王朗更是观察螳螂捕蝉之动静，取其神态，赋其阴阳、刚柔虚实之理，施以上下、左右、前后、进退之法，演古传十八家手法于一体而创螳螂拳法。对农民来说，螳螂是农业害虫的重要天敌，中国人熟知的螳螂有中华大刀螳、狭翅大刀螳、广斧螳、棕静螳、薄翅螳螂、绿静螳等。现代人要观察螳螂，除了在农村，城里夏日夜晚的路灯下也能看见螳螂，因为那是蚊子密集的地方。

至于伯劳鸟，俗称胡不拉，也是重要的食虫鸟类，它有将捕捉到的虫类、小鸟的尸体插到荆棘、带刺铁丝上撕食的习惯，生性凶猛，对农林业有益。它的得名来自一个传说。在中国西周时代，贤臣尹吉甫误听人言，将自己的儿子伯奇杀死，伯奇的弟弟作诗悼之，尹吉甫极为后悔哀痛。有一天尹吉甫看见一只鸟在桑树上鸣叫不已，忽然心动，认定那是儿子的化身。“伯奇劳乎？是吾子，栖吾舆；非吾子，飞勿居。”这只鸟就跟着尹吉甫回家了。可见，伯劳鸟很早就进入了中国人的视野。汉语里还有“劳燕分飞”成语，即指伯劳鸟和燕子分别朝不同的方向飞去。当伯劳遇见了燕子，完成了身份的指认，伯劳匆匆东去，燕子急急西飞，瞬息的相遇无法改变飞行的姿态，相遇总是太晚，离别总是太疾。东飞的伯劳和西飞的燕子，合在一起构成了感伤的分离，成了不再聚首的象征。伯劳属于留鸟，领地意识很强，而燕子是众所周知的候鸟，随着季节的变换而迁徙，它们的习性差异成了别离的代名词。王实甫在《西厢记》中说：“他曲未终，我意转浓，争奈伯劳飞燕各西东，尽在不言中。”当代歌手田震在《未了情》中唱道：“虽有灵犀一点通，却落得劳燕分飞各西东。”

而反舌鸟能成为中国古人观察的物候，似乎是一件难以索解的事。反舌鸟又称百舌鸟、黑鸫、黑鸟、黑山雀等，是南方人喜欢饲养的歌鸟，野生成鸟野性大，难驯熟，常因过度撞笼而死亡，故多掏取幼鸟人工喂养，可见反舌鸟的纯洁无辜。在美国文化中，反舌鸟也是亲切友好善良的象征。哈珀·李写于1960年的处女作《杀死一只反舌鸟》是一部出版即长销的经典，遗憾的是，此书长期被误译为《杀死一只知更鸟》。作者的书名来自书中的父亲给孩子们的忠告："记住，杀死反舌鸟是一种罪过。"汉语文化对反舌鸟和反舌也多有致意，孔颖达解释说："反舌鸟，春始鸣，至五月稍止，其声数转，故名反舌。"南朝人沈约写有《反舌鸟赋》："有反舌之微禽，亦班名于庶鸟。乏佳容之可玩，因繁声以自表。"反舌还指张口结舌，严复在《论教育书》中说："用东文，彼犹可攘臂鼓唇于其间，独至西文用，则此曹皆反舌也。"

可见芒种虽然是大忙时节，古人对物候的观察并不肤浅，反而仍能引申出生活中的诸多道理。芒种期间的大量农谚同样也反映了生活的道理，农民知道人人参与的意义，"麦收无大小，一人一镰刀"，"机、畜、人，齐上阵，割运打轧快入囤"，"芒种前后麦上场，男女老少昼夜忙"。农民知道工具的重要，"好手不压快刀"，"手巧不如工具巧"。农民懂得落袋为安，"麦在地里不要笑，收到囤里才牢靠"，"麦收有三怕：雹砸、雨淋、大风刮"。农民懂得收割的微妙，"九成熟，十成收；十成熟，一成丢"，"麦子夹生割，谷子要熟妥"，"生割麦子出好面，生砍高粱煮好饭"。

海子有诗："从明天起，做一个幸福的人，喂马、劈柴、周游世界；从明天起，关心粮食和蔬菜，我有一所房子，面朝大海、春暖花开……"但有过农业生活经验的人都知道，麦芒、稻芒的意味，如芒在背，极度不安。大汗淋漓里还受芒刺之苦，实在是一种不幸的经验，但这是农民的生活，一种宿命。我们今天看待这一农民的生存体验，或者可说苦难是人生的必由之路，我们唯一需要记取的，是能否配得上所受的这些苦难。

芒种节气也催生了一种农民身份，麦客，即流动的替别人割麦子的人。每到麦收季节，“麦客”们便走出家门，开始他们的“赶场”生活。因产麦区成熟差异性，麦客们一般由北向南，由南返北，像候鸟一样迁徙，一路收一路走。等晚熟区的麦客走到自家门前，自家的麦子也熟了。早熟区的农民等自家收割完后便前往相对晚熟区收割。麦客的共同点都是成群结队，兄弟同行、父子同行甚至夫妻相随，到产麦区，寻人雇佣，替人割麦，用汗水换取微薄的收入，以补家庭短缺或寻找生路。农业机械化后每年都有大量收割机走南闯北收割小麦，又叫跨区机收小麦，他们因和麦客有着相似点，也被称为“现代麦客”，因其是机械收割，也被称为“铁麦客”“机械麦客”。无论今昔，其辛劳是一样的。在传统中国，麦客也是少有的熟人社会中的陌生人碰撞现象，其中的紧张、冲突、冤枉委屈、日久生情、劳燕分飞等悲喜剧极为正常。

在大时间序列里，芒种节气在大壮、大有时空。中国的先哲为此系辞说：“大壮，正大而天地之情可见矣。君子以非礼勿履。”君子立身处世，依礼而行，除非合礼，否则决不去做。礼在时空属性中即为夏天，是万物生长壮大的景象，是万物之间形成有效秩序的景象，遵循有效的秩序即是守礼。熟人社会有陌生人插入，万物忙于生长中，彼此的枝叶交叉侵入，农业生产生活忙乱至极，秩序或礼仪就显得极为重要。君子不能掉以轻心，失礼失仪。先哲还系辞说：“大有，其德刚健而文明，应乎天而时行，是以元亨。火在天上，大有；君子以遏恶扬善，顺天休命。”日光照耀万物，火在天上，这是大有的象征。万物都受赐于正大的能量，君子效法它的精神，由此领悟遏制恶发扬善，顺应天道而担当美好的使命。

在中国历史里，对秩序考虑得较为周密的是在夏、商、周三代，其朝贡服事体系较之后来的王权制度要有人情味得多。如果说后来的王权制度如秋天般严肃，那这三代的朝贡服事体系则如夏花之灿烂。礼仪三百，威仪三千，都如夏天万物一样“芒种”生长有序，万有都在其中有自己的位置。是的，虽然万类竞相自由，但在亲疏中、在差序中仍有格局，有群己权界，如此才有真正的灿烂。在这个意义上，非礼勿视、勿听、勿言、勿动等思想，才有了正面而积极的功能。孔子为自己不曾履践大道、不曾与三代之英为伍而由衷地叹息。他说：“大道之行也，天下为公。选贤与能，讲信修睦。故人不独亲其亲，不独子其子，使老有所终，壮有所用，幼有所长，矜、寡、孤、独、废疾者皆有所养。男有分，女有归。货恶其弃于地也，不必藏于己；力恶其不出于身也，不必为己。是故谋闭而不兴，盗窃乱贼而不作，故外户而不闭。是谓大同。”

公历 6月21日－6月22日

鹿角解，蝉始鸣，半夏生。

夏至

○ 君子以自强不息

老树印信

每年的6月21日或22日，太阳运行至黄经90°。太阳几乎直射北回归线，北半球各地的白昼时间也达到全年峰值，这一天就是夏至。对于北回归线及其以北的地区来说，夏至日也是一年中正午太阳高度最高的一天。《恪遵宪度抄本》："日北至，日长之至，日影短至，故曰夏至。至者，极也。"

这一天，中国最北端的漠河是我国昼长最长之地，昼长17小时；我国领土最南边的曾母暗沙是我国昼长最短之地，昼长12小时多，南北差距达4小时40分钟。哈尔滨市昼长约16小时，北京昼长15小时，济南昼长14小时40分，上海昼长14小时11分，杭州昼长14小时7分，福州昼长13小时46分，广州昼长13小时34分，香港昼长13小时30分，海口市这天昼长13小时多一点。

夏至这天正午，处于北回归线上的地区将会出现"立竿无影"的景象，人们也会见到一年当中最短的影子。中国大陆有五个北回归线标志点，分布在广东的汕头、从化、封开，广西的桂平和云南的墨江，北回归线标志点设有"窥阳孔”，人们可以验证夏至中午阳光是否垂直射向地面，是否“立竿无影”。

在我国的北至点北极村，北纬达53° 以上，而地球本身有23.5° 的倾斜角，每年夏至前后，这里一天有17个小时以上可以直接看到太阳。夏至时节白昼最长可达19个小时，又被称作“不夜城”。看不到太阳时，仍有余光可以辐射到这里，呈现夜色清明的现象。

在东西方文明的历史上，夏至都是最早确定的时间或节气之一。一般以为先民是用土圭测日影的方法确定了夏至，谨慎的学者认为这一时间在公元前7世纪。但跟冬至一样，夏至是东西方农业的基础时间，不会迟至公元前7世纪才确定下来。无论是西亚万年前左右起源的农业文明，还是东方大陆上的良渚、红山等文化，对时间的测定都相当熟练了。更不用说后来的陶寺观象台、索尔兹伯里的巨石阵，它们对时间的观测已成为部族生活的大事。

夏至在古时称“夏节”“夏至节”。时值麦收，自古以来有庆祝丰收、祭祀祖先以祈求消灾年丰之俗。因此，夏至作为节日，纳入了古代祭神礼典。《周礼·春官》说：“以夏日至，致地示物鬽。”周代夏至祭神，乃为清除疫疠、荒年与饥饿死亡。《史记·封禅书》说：“夏日至，祭地祇，皆用乐舞。”《清嘉录》说：“夏至日为交时，曰头时、二时、末时，谓之三时。居人慎起居、禁诅咒、戒剃头，多所忌讳……”可见古人对夏至节气的重视程度。清代之前的夏至日全国放假一天，宋代从夏至日开始百官放假三天，辽代则是“夏至日谓之‘朝节’，妇女进彩扇，以粉脂囊相赠遗”。彩扇用来驱热，香囊可驱蚊抑臭。

跟冬至一样，夏至也是反映四季更替的节气。在天文学上，夏至是太阳的转折点，这天过后它将走“回头路”，阳光直射点开始从北回归线向南移动，北半球白昼将会逐日减短，北回归线及其以北的地区正午太阳高度角也会逐日降低。唐人权德舆在《夏至日作》中说：“璇枢无停运，四序相错行。寄言赫曦景，今日一阴生。”民间有“冬至饺子夏至面”的说法，夏至吃面是很多地区的重要习俗，民间有“吃过夏至面，一天短一线”的说法。传统中国的蒙学读物《幼学琼林》说：“夏至一阴生，是以天时渐短；冬至一阳生，是以日晷初长。”

天文学规定，夏至是北半球夏季的开始，夏至来后，夜空星象也逐渐变成夏季星空。由于太阳辐射到地面的热量仍比地面向空中散发的多，故在以后的一段时间内，气温将继续升高，因此有“夏至不过不热”的说法。跟“冬九九”一样，“夏九九”也是中国人的计日方法，它是以夏至那一天为起点，每九天为一个九，每年九个九共八十一天。三九、四九是全年最炎热的季节。比较典型的夏至九九歌是：夏至入头九，羽扇握在手；二九一十八，脱冠着罗纱；三九二十七，出门汗欲滴；四九三十六，卷席露天宿；五九四十五，炎秋似老虎；六九五十四，乘凉进庙祠；七九六十三，床头摸被单；八九七十二，子夜寻棉被；九九八十一，开柜拿棉衣。

中国人还有以伏计日法。从夏至后第三个庚日算起，初伏为 10 天，中伏为 10 天或 20 天，末伏为 10 天。伏即为潜伏的意思。“三伏天”的“伏”就是指“伏邪”，即所谓的“六邪”（风、寒、暑、湿、燥、火）中的暑邪。这是一年中气温最高且又潮湿、闷热的日子。东西方人对热的感受是一致的，人们观察到，夏天热得狗都吐出了舌头。三伏天的英文即是“dog days”，古罗马人认为每年 7 月、8 月的酷热是太阳加上天狼星的热能造成的。天狼星在英语里叫“the dog star”，“dog days”由此而来。俗谚说：“夏至狗，无处走。”“热成狗”成为有关不妙状态的妙语。

在中国人的观察里，夏至的物候为，一候鹿角解，二候蝉始鸣，三候半夏生。麋与鹿虽属同科，但古人认为，二者一属阴一属阳。鹿的角朝前生，所以属阳。夏至日阴气生而阳气始衰，所以阳性的鹿角便开始脱落。而麋因属阴，所以在冬至日角才脱落；雄性的知了在夏至后因感阴气之生便鼓腹而鸣；半夏是一种喜阴的药草，因在仲夏的沼泽地或水田中出生而得名。由此可见，在炎热的仲夏，一些喜阴的生物开始出现，而阳性的生物却开始衰退了。古人说，鹿角不脱落，战祸不停止；蝉子不鸣叫，贵臣放荡淫逸；半夏不长出，老百姓会得传染病。

这三类物候在传统中国同样有极不寻常的意义。鹿跟先民相伴，在人们的日常生活，甚至社会政治活动中占有非常重要的地位。鹿是爱情的象征，鹿皮是古人婚礼当中的重要贽礼，是年轻人结婚时少不了的东西。《仪礼·士冠礼》："主人酬宾，束帛俪皮。"郑玄注曰："俪皮，两鹿皮也。"故《诗经》说："野有死麕，白茅包之。有女怀春，吉士诱之。"鹿也是德音的象征，是美好愿望的象征，《诗经》说："呦呦鹿鸣，食野之苹。我有嘉宾，鼓瑟吹笙。"鹿还是权力的象征，《汉书》卷四五《蒯通传》："且秦失其鹿，天下共逐之。"《晋书·石勒载记》下："勒笑曰：'朕若逢高皇，当北面而事之，与韩彭竞鞭而争先耳。脱遇光武，当并驱于中原，未知鹿死谁手。'"除了给予先民以灵感，让中国的先民想象出一个祥瑞麒麟外，鹿还对农业、养生、政治管理、汉字文化都产生了深刻的影响，山麓、俸禄、福禄寿、逐鹿中原、指鹿为马，等等，处处可见鹿的影子。

蝉在中国有知了、几溜、伏天、二斯、秋凉、季鸟、山季鸟等多种称呼。它独特的生活习性让它成为复活与永生的象征，成为周而复始、绵绵不绝的象征。上古中国的政治继承制、禅让制，或许就有取蝉的这种象征意义。从周朝后期到汉代的葬礼中，都有在死者口中放玉蝉的习俗，以象征复活与永生。人们甚至把蝉当作立身处世榜样的“至德之虫”。骆宾王有诗：“西陆蝉声唱，南冠客思深。不堪玄鬓影，来对白头吟。露重飞难进，风多响易沉。无人信高洁，谁为表予心？”

至于半夏，本是旱地中的杂草，中国人发现了它的药用价值。《神农本草经》称其为半夏，它还有半子、三片叶、三开花、三角草、三兴草、地文、和姑、守田、田里心、无心菜、老鸦眼、老鸦芋头等几十种称呼。它具有燥湿化痰，降逆止呕，消痞散结的功效，主要用于痰多咳喘，痰饮眩悸，风痰眩晕，痰厥头痛，呕吐反胃。因此这一草药也成为中国人生活的一部分，唐人王建有诗：“年少病多应为酒，谁家将息过今春。赊来半夏重熏尽，投著山中旧主人。”张籍有诗：“江皋岁暮相逢地，黄叶霜前半夏枝。子夜吟诗向松桂，心中万事喜君知。”在文士雅医那里，半夏也是极好的入联材料，如“金钗布裙过半夏，栀子轻粉迎天冬”“使君子走边疆三七当归，白头翁夜关门半夏附子”，等等。

对农业来说，夏至节气的降水很关键，有“夏至雨点值千金”之说。《荆楚岁时记》：“六月必有三时雨，田家以为甘泽，邑里相贺。”夏至前后，淮河以南早稻抽穗扬花，田间水分管理上要足水抽穗，湿润灌浆，干干湿湿，既满足水稻结实对水分的需要，又能透气养根，保证活熟到老，提高籽粒重。夏至时节各种农田杂草和庄稼一样生长很快，不仅与作物争水争肥争阳光，还是多种病菌和害虫的寄主，因此农谚说："夏至不锄根边草，如同养下毒蛇咬。"

"过了夏至节，锄头不能歇。"农民要加强夏季田间管理，及时清除杂草，防治病虫害，适时适量施肥，及时播种晚稻，培育好晚稻秧苗。我们由此可知，在炎热的夏天农忙的意味。"夏至伏天到，中耕很重要，伏里锄一遍，赛过水浇园。"我们说过，生与长不同，春生夏长，夏天在长，农民的工作就是帮夏天的农作物更好地成长，要辛劳付出才能够换来一年的生活。

夏至节气的天气有预报作用，如"夏至大烂，梅雨当饭"，"夏至落雨，九场大水"，"夏至落大雨，八月涨大水"，"夏至东南风，平地把船撑"，"夏至风从西边起，瓜菜园中受熬煎"，等等。反常天气亦能预兆未来，如"夏至无雨三伏热"，"夏至无云三伏烧"，"夏至不雨天要旱"，等等。

对养生来说，此时的饮食要以清泄暑热、增进食欲为目的。《吕氏春秋·尽数》："凡食无强厚味，无以烈味重酒。"唐朝孙思邈倡导"常宜轻清甜淡之物，大小麦曲，粳米为佳"，"善养生者常须少食肉，多食饭"。夏天众多的食材中，姜可能是最为重要的，"饭不香，吃生姜"，"冬吃萝卜夏吃姜”，“早上三片姜，赛过喝参汤”，“男子不可百日无姜”。孔子即有名言：“不撤姜食，不多食。”除了饮食，中国文化还注重精神调节。夏属火，对应五脏之心。夏日炎炎，往往让人心烦意乱，而烦则更热，可影响人体的功能活动，从而产生许多精神方面的不良影响。“心静自然凉”，因此，要善于调节，多静坐，排除心中杂念。

对现代人来说，夏至期间，高温天气导致用电量剧增。大城市的用电负荷令能源供应成为一大问题。在现代社会管理中，夏至成为用电高峰的代名词。2000 年，美国加州发生了断断续续一个月的大停电事件，引发震撼，美国人为此发起了社会运动来解决电力不足问题。“关灯”运动有三大诉求：随手关灯、冷气设定在 26℃、离峰时才用大型家电。这一运动果然奏效，有效减少了用电量。2007 年 6 月 22 日，自然之友首次在中国内地举办“夏至关灯活动”。如年轻人看到的，“夏至关灯”不仅可以解决能源问题，也有助于解决光污染问题，能够让人享受自然的夏日和夏夜。

夏至在大时间序列里正是乾卦时空。中国人多知道乾卦的意义，乾卦爻辞，潜则勿用，见则在田，朝乾夕惕，或跃在渊，飞则在天等等，是对人生状态极好的指示，是方法论或行动指南。先哲系辞说：“君子以自强不息。”即是说生命享有着造化赋予的充沛的能量，不需要再依傍外物，要勇猛精进，呈现出自身的光热，展示自身的才华。如年轻朋友抒情的："尝试关掉电器，去享受自然的夏夜，你会发现美好的世界仍在那里，星星，晚风，蝙蝠，夜蛾，茉莉的香气，小伙伴的欢笑……"

可见，夏至仍有诗意。如苏轼有词《鹧鸪天》："林断山明竹隐墙，乱蝉衰草小池塘。翻空白鸟时时见，照水红蕖细细香。村舍外，古城旁，杖藜徐步转斜阳。殷勤昨夜三更雨，又得浮生一日凉。"范成大的《四时田园杂兴·其三十一》则说："昼出耘田夜绩麻，村庄儿女各当家。童孙未解供耕织，也傍桑阴学种瓜。"

夏至同样有哲理，有人性天心不易的机理。李清照有诗《夏日绝句》："生当作人杰，死亦为鬼雄。至今思项羽，不肯过江东。"这是对君子自强的决绝解释，如歌德名言，凡自强不息者，终能得救。项羽因此从历史里获得救赎，较之历史上的成功者，他在中国人心中更有着美学的意义。张耒的名诗《夏至》："长养功已极，大运忽云迁。人间漫未知，微阴生九原。杀生忽更柄，寒暑将成年。崔巍干云树，安得保芳鲜。几微物所忽，渐进理必然。韪哉观化子，默坐付忘言。"这是对夏至行深至微的观自在，自强不息者因此在苦夏里能够"度一切苦厄"，能够"各正性命"，能够"与天地合其德，与日月合其明，与四时合其序，与鬼神合其吉凶"。

公历 7月6日—7月8日

温风至，蟋蟀居宇，鹰始鸷。

小暑

○ 君子以正位凝命

老树白信

曾经问一个历史学家，中国的节气是何时形成的，历史学家支支吾吾，最后说对这个问题没有研究。我们一度以为，节气随着传统农业文化一样成为过去时了，但近年来的社会现象显示，摩登都市的青年男女也对节气产生了兴趣。说到底，节气不仅是一种生产生活的规律，不仅是一种传统文化的符号，它更与我们身心的感觉相关。每年的天气变化，如白露、霜降、小雪、大雪等，物候变化，如小满、清明、芒种等，都会影响到我们的生活，更不用说那些直接与身体发生联系的日子。夏至过后，即使寒湿体质严重的人也都感觉到了气温的升高，天地之间一如蒸笼。

夏至之后的几十天，就被先民形象地称为“暑”。“暑”字，从日者声。日者，此时大地上的万事万物，包括人在内，都是日者，都为太阳照耀。“暑”字还有一个意思，就是“日、土、日”三个字的组合会意，即土地上下都有日光的炎热照耀。对这几十天的时空，中国的先民又将其分为小暑、大暑、处暑几个节气。每个节气的物候表现并不一样。

民间有“小暑大暑，上蒸下煮”的谚语。顾名思义，小暑是炎热的开始，大暑到达一年中炎热的顶点。但据资料分析，小暑的日子不比大暑清凉。据《1971—2000中国地面气候资料》来看，除青海、甘肃、山西、内蒙古、安徽的大部分地区7月的最高气温多数出现在大暑外，中国大多数省份的极端最高气温都出现在小暑期间。在全国34个省、直辖市、自治区中，绝大多数地区7月的平均气温比8月要高，7月是全年之中的最热月。

天文历法把每年7月7日前后，太阳到达黄经105°时称为小暑。"斗指辛为小暑，斯时天气已热，尚未达于极点，故名也。"《月令七十二候集解》："六月节……暑，热也，就热之中分为大小，月初为小，月中为大，今则热气犹小也。"暑，就是炎热的意思。跟任何能量的波动一样，热浪也是一波赛一波的，第一波热浪袭来让古人命名为小暑。节气歌谣也说："小暑不算热，大暑三伏天。"热在三伏，我国三伏天气一般出现在夏至的第二十八天之后，即大暑的日子，所谓"夏至三庚数头伏"。

如何认识小暑时空与人的关系，除了文献知识，更多地需要人们去感受、观察、思考。暑气是潮湿的，有的年轻人亲历而不觉悟，结果做出无知之举。记得当年一个中学的年轻老师住在学校单身宿舍，7月上旬学校放假，他把被服、衣物抱出来在操场上晾晒，一天的太阳照晒下来，他抱着衣物返回宿舍，结果衣物更潮湿了。

人们对天气的感受成为生活的指导原则。《诗经》里说，“七月流火”。这“流火”虽指天上的星宿，但在传唱中已经借指大地上的炎热时光。“赤日炎炎似火烧，野田禾稻半枯焦。农夫心内如汤煮，公子王孙把扇摇。”《水浒传》中英雄们的歌谣也道尽了高温下的身体感和心理意识——天地间如蒸笼，如大煮锅。我在写作《大时间》时发现，小暑时空正好是《易经》中六十四卦的鼎卦时空，这种巧合匪夷所思。

天地间的阴阳象数消长，在此时空的体现是，阴阳排列是上火下风，风助火势，即是最为形象的鼎锅。阴阳符号也体现了锅盖、鼎锅、支撑的灶架、柴火。我相信中国的先哲因此而把此一时空命名为火风鼎卦。南京、武汉、重庆被称为中国三大火炉（济南、长沙、杭州、福州等地也有火炉之称），即是说它们在此时空的鼎炉中经受蒸、晒、烧烤。先哲对鼎卦的理解是“革物者莫若鼎”。鼎象征着新生，象征着权力，代表了权威富贵，象征着创造。很多人说，美国是一个大熔炉，美国曾被欧洲称为“新大陆”，也有象征文明新生之义。跟鼎有关的成语有一言九鼎、革故鼎新、问鼎中原、鼎力相助等。

小暑时空其实不仅跟鼎卦相关，在鼎卦时空之前，是独立不惧的大过卦时空，之后则是风雷激荡的恒卦时空。小暑时空意味着人要有独立精神，要有恒心，更要有鼎力合作的意识。巧合的是，国际合作社日（7 月的第一个星期六）多在鼎卦时空内。1844 年，罗虚代尔公平先锋社在英国诞生，揭开了现代合作社运动的序幕。国际合作社联盟于 1895 年在伦敦成立。1922 年，国际合作社联盟决定将每年 7 月的第一个星期六确定为“合作者的节日”（International Day of Cooperatives）。传统中国的先哲则观象系辞，认为在这一时期，君子以正位凝命。那些具有君子人格的人会端正自己的位置，庄重自己的使命。

这些对时空之义的把握是人类的专利。但对气温的感受最本能的仍是大自然，人类自负地以为自己是自由的，可以不受天地的支配，结果很多人死于非命。而热死也是人类死因的一种，在火炉式的城市中，几乎每年都有热死人的现象发生。有人因此说，只听说人有热死的，没听说动物有热死的。

古人观察小暑的十五天，也有三波物候表现：一候温风至，二候蟋蟀居宇，三候鹰始鸷。小暑时节大地上不再有一丝凉风，风中都带着热浪。《诗经》中这样描述蟋蟀：“七月在野，八月在宇，九月在户，十月蟋蟀入我床下。”这里所说的八月即小暑节气，由于炎热，蟋蟀离开了田野，到庭院的墙角以避暑热。在这一节气中，老鹰因地面气温太高只好多在清凉的高空活动。在古人的理解里，温风不吹来，说明国家没有宽松的政令；蟋蟀不上墙壁，说明有强暴者横行；小鹰不学飞，说明国家不能防御敌寇。

这三候中，老鹰是神鸟、天鸟，象征力量。《诗经》中说："牧野洋洋，檀车煌煌……维师尚父，时维鹰扬。"甲骨文的"鸢"，青铜器时期钟鼎文"鹏"，秦汉古篆文中的"鹰"，是汉字高度概括的艺术美。鸢和鹰是写实，鹏则是想象。鹰的雄强威严、器宇轩昂和阳刚大气，是高贵和壮美的象征。庄子说："北冥有鱼，其名为鲲。鲲之大，不知其几千里也，化而为鸟，其名为鹏。鹏之背，不知其几千里也；怒而飞，其翼若垂天之云。是鸟也，海运则将徙于南冥。南冥者，天池也。"李白说："大鹏一日同风起，扶摇直上九万里。"杜甫说："黑鹰不省人间有，度海疑从北极来。"但在小暑节气里，老鹰也不得不避其热浪。

蟋蟀虽为农业上的害虫，影响农业收成，却因其能鸣善斗，在先民心中成了好运的象征。人们甚至称其为促织以诫懒妇，据说蟋蟀是秋初而生，遇寒而鸣，促妇人织布备冬衣也，故曰"促织"。它还有蛐蛐、夜鸣虫、将军虫、秋虫、斗鸡、趋织、地喇叭、灶鸡子、孙旺、土蚻等十几种称呼。《古诗十九首》中说："明月皎夜光，促织鸣东壁。"蟋蟀的好斗好鸣使其从古至今都成为人们玩斗的对象，赏玩鸣虫作为娱乐活动，多少可以折射出人们渴望返璞归真的意趣。

至于风，古人对风的观察跟现代科学有所不同。现代科学会精确地测定风速、风能，会把风分成从无风到超强台风十几种等级，会分成信风、阵风、季风、龙卷风等若干类型。先民对风的把握则是经验的，比如说，风跟热、暑、湿、燥、寒等一样，是六气之一。而时空不同，对风的感受也不同。春风、秋风不用说，这些以时间命名的风于人都有冷暖含义；古人对夏风、冬风则多以方位即南风、北风来称呼，以致后来春秋之风也以东风、西风来代指。从《红楼梦》到当今世界，人们说“不是西风压倒东风，就是东风压倒西风”。中国人在经验中也把向东、向南所受者称为温风、暖风，把向西、向北所受者称为凉风、寒风。

我们由此可知，古人对时空的感受可以多么细致。《黄帝内经》：“故智者之养生也，必顺四时而适寒暑，和喜怒而安居处。”暑气也被医者称为“六淫”之一，即暑邪。又曰：“夫百病之始生也，皆生于风雨寒暑，清湿喜怒。”高温会使人得病，这就是暑病。还说“先夏至日者为病温，后夏至日者为病暑”。王冰注曰：“阳热大盛，寒不能制，故为病曰暑。”民间称之为“中暑”。暑气盛极，人就不免邪了，是以中国人以藿香正气来解之。《水浒传》中的英雄叫卖起类似今日凉啤、冰啤一类的蒙汗酒时，人们顾不得食品安全不安全了，“我们又热又渴，何不买些吃？也解暑气”。

在医学研究里，暑期是人们一年中身体阳气最盛的时候，但由于出汗多、消耗大，加之劳累，人们也会损耗身体的阳气。很多年轻人夏天要瘦一些，也是有这个原因。因此无论政府还是企业，无论医生还是诗人，都会在此时劝导人们注意休养。无论古代的“冰敬”还是现代的“降温费”，都表明炎热是需要人身或人生社会正视的问题。而诗人的文字是炎热时节的一丝清凉，如李频诗：“却忆凉堂坐，明河几度流。安禅逢小暑，抱疾入高秋。水国曾重讲，云林半旧游。此来看月落，还似道相求。”如乔远炳诗：“薰风愠解引新凉，小暑神清夏日长。断续蝉声传远树，呢喃燕语倚雕梁。眠摊薤簟千纹滑，座接花茵一院香。雪藕冰桃情自适，无烦珍重碧筒尝。”

大自然以众多的天气物候的变化引导我们恢复身体的直觉或灵觉，小暑节气就是如此。民间有“冬不坐石，夏不坐木”的说法，即是对暑气过盛的一种结论。炎热的夏天气温高、湿度大，无论露天里的木料，如椅凳等，还是大可容人的巨树，经过露打雨淋，含水分较多，表面看上去是干的，但只要人坐上去，以体温接受树木散发的潮气，易诱发痔疮、风湿和关节炎一类的疾病。

小暑还有很多千百年来流传下来的习俗。萝卜、鸡蛋、羊肉、杧果、苦瓜等，成为各方水土的应景食材，而小暑“食新”也成为很多地方共有的习惯。小暑节气的民谣说，六月六接姑娘，新麦饼羊肉汤。关于尝新麦新谷，大概春秋时代就有这样的说法了。

尽管没有多少人有兴趣了解小暑跟农业生产的关系，不用知道小暑跟农业丰歉的关系，但小暑期间的暴雨、泥石流也给所有的人带来了危害。成语所谓的“水深火热”在小暑等暑期里表现得极为充分。人们刚刚躲过暴雨，就又进入了上蒸下煮、火热难耐的境地。生活在水深火热中的人，检验了他生存的感受、生存的质量。

公历 7月22日 — 7月24日　　腐草为萤，土润溽暑，大雨时行。

大暑　　○ 君子以劳民劝相

老树印信

在阳历的7月22日至24日之间，太阳到达的点是黄经120°。这就是大暑节气。此时天气酷热，气温为一年中最高，雷阵雨较多，在中国很多地区，经常会出现40℃的高温天气，农作物生长也最快。同时，很多地区的旱、涝、风灾等气象灾害也最为频繁。民间有饮伏茶、晒伏姜、烧伏香等习俗。

《月令七十二候集解》：“六月中，解见小暑。”《孝经援神契》：“小暑后十五日斗指未为大暑，六月中。小大者，就极热之中，分为大小，初后为小，望后为大也。”古人对大暑的观察很有意思，《山海经》说：“寿麻正立无景，疾呼无响。爰有大暑，不可以往。”郭璞注曰：“言热炙杀人也。”在头顶的太阳照射下，不仅身影没有了，就是喊出的声音也听不见了，可见炎热之杀伐。宋代人在笔记中记载：“时暑中，公（范质）执一叶素扇，偶写‘大暑去酷吏，清风来故人’。”这话跟“苛政猛于虎”可以相参考，苛政酷吏猛于老虎，却猛不过大暑。今人如山寨一下，大概会写：“大暑去城管，清风来神仙。”

古代中国人观察到大暑的物候是：一候腐草为萤，即产卵于枯草上的萤火虫卵化而出；二候土润溽暑，天气开始变得闷热，土地也很潮湿；三候大雨时行，常有大的雷雨出现。大雨使暑湿减弱，天气开始向立秋过渡。在古人的理解里，腐草不变为萤火虫，庄稼颗粒会提早脱落；土地潮湿而不暑热，就会刑罚不当；大雨不按时下，表明国家没有恩惠给百姓。

大暑三候中的土湿雨行是自然现象。古人如此强调也说明土、雨在此节气的特殊性。大暑节气将土地和雨水重新给予人，经此节气，是谓土厚水深。古人明白“土厚水深，居之不疾”，“生气所生，土厚水深，草木畅茂”。龚自珍有诗：“土厚水深词气重，烦君他日定吾文。”这样的水土是宜人宜家的。

小型甲虫萤火虫，又名夜光、景天、如熠耀、夜照、流萤、宵烛、耀夜等，对生活环境要求极高，水土和空气中一旦有杀虫剂、化肥、农药，我们就难再看到夏天夜间壮观的萤火虫飞舞景象了。而在古时候，萤火虫甚至是人们照明的工具。有名的“囊萤映雪”的故事中就有萤火虫的贡献。晋朝的贫家子弟车胤，酷爱学习。每到夏天，为了省下灯油钱，他捕捉许多萤火虫，放在多孔的囊内，四五十只萤火虫发出的光抵得上一支蜡烛。如此苦读，学识与日俱增。在古人那里，萤火虫象征夏天，象征希望，还象征爱情。萤火虫的雄虫和雌虫之间能互相用“灯语”联络，完成求偶过程。杜牧有诗《秋夕》：“银烛秋光冷画屏，轻罗小扇扑流萤。天阶夜色凉如水，坐看牵牛织女星。”

中国人说，“热在三伏”。大暑一般是处在三伏里的中伏阶段，就是现代人常说的“桑拿天”。“伏”有避匿之意，从犬，狗在炎热中只能老老实实地伸舌消暑，人们在夏天也要避开炎热之毒杀。夏至后第三个庚日（从天干甲数起到庚日，第七天）入初伏，第四个庚日入中伏，立秋后第一个庚日入末伏，总称“三伏”。初伏、末伏都是十天，中伏有时十天，有时二十天。

大暑之热，可以热为奇观奇事。中国的热火炉很多，但最热的不在长沙、武汉、重庆，而是在新疆吐鲁番，那里曾有“火焰山”之称。清代诗人萧雄在《西疆杂述》中说：“试将面饼贴之砖壁，少顷烙熟，烈日可畏。”农村孩子则会异想天开，把鸡蛋、瓜子等物放在大太阳底下以期晒熟。

关于大暑的农谚极多，如“小暑雨如银，大暑雨如金”，“伏里多雨，囤里多米”，“伏天雨丰，粮丰棉丰”，“三伏不受旱，一亩增一石”，“大暑有雨多雨秋水足，大暑无雨少雨吃水愁”，“大暑无酷热五谷多不结，大暑连天阴遍地出黄金”。根据大暑的炎热情况，可以预测后来的天气，如“大暑热，田头歇；大暑凉，水满塘”，“大暑热，秋后凉”，

“大暑热得慌，四个月无霜”，“大暑不热，冬天不冷”，“大暑不热要烂冬”，等等。大暑期间多有雷阵雨，人们也总结出看云识天气的规律，如“东闪闪无半滴，西闪闪走不及”，意指闪电如果出现在东方，雨不会下到这里，若闪电在西方，则雨势很快就会到来，要想躲避都来不及。

三伏中以大暑期间的中伏最热，在古代，“伏日”也是伏避盛暑、祈祭清爽的祭日，伏日祭祀极为盛大。一般人以为中国农历不是太阳历，这是不了解农历是阴阳合历的缘故。也有学者以为中国无太阳崇拜，这是不了解中国人有对太阳崇拜、研究的传统。太极的含义之一就是太阳回归年，全部的节气确立都是来自对太阳轨迹的观察。伏日所祭，“其帝炎帝，其神祝融”。炎帝就是中国的太阳神，祝融是火神。先民以为炎帝让太阳发出了光和热，使五谷孕育生长，人类不愁衣食。人们感谢他的功德，便在最热的时候纪念他，因此就有了“伏日祭祀”的传说。

对农业生产来说，大暑期间的高温是正常的气候现象，如果没有充足的光照，喜温的水稻、棉花等农作物生长就会受到影响。但如果连续出现长时间的高温少雨天气，对水稻等作物成长十分不利。农谚所谓：“五天不雨一小旱，十天不雨一大旱，一月不雨地冒烟。”

在大时间序列中，大暑节气在水风井卦时空。由此可见，在天地阴阳象数的排列展开中，大暑节气是需要雨水的。先哲把此一时空命名为井卦大有深意，一如小暑在鼎卦时期，义当合作一样。大暑在井卦时期，义当关注公共财。水风井的卦象是木上有水，这是井卦的象征。水井的出现是上古时代的一件大事，有说是黄帝的发明，有说是伯益的发明，无论如何，这是人类最早的公共财之一，给了人们福祉。据山西、河北一带的考古证实，古代的水井都有在井底铺设木质井盘，即水井主体部分为圆筒形，到了底部变成了井字形的木质井盘，这既是“天圆地方”理念的体现，又是为了防止底部流沙层的井壁塌陷，以达到澄清水质的作用。保持井壁稳定，水井才能长期使用。这就是井卦“木上有水”的本义。

对农耕社会来说，如果君王官吏不考虑民众的饮水问题，扩建邑国时如果不扩建水井，民众就会有怨言，甚至闹事凶险。扩建水井，万民享福则吉。因此可以说，人口增长，扩建邑国，但是没有同时扩建水井，那就无济于事。乡村生活经验，一个村里如有水井，会成为村民的骄傲，因为没有水井的邻村人只能吃喝堰塘水。因为暴雨之故，大暑节气时的井水也是最为浑浊的，有公德心的村民就会拿出明矾来澄清浊水。老子有言：“孰能浊以止，静之徐清？”这追问也是在寻找那些有公益心的人。

井边提水的人流穿梭不停，井水干涸了，还没有开挖新井，取水的瓶子总是装不满，大家没水吃，“凶”。这一生存经验即使是现在也时常发生，水荒、饮水难、为水争斗，以至于提供水资源成了一种恩惠，“吃水不忘挖井人”。今天的发达国家和地区对贫困地区的援助，一个重要的项目是帮当地人打井，甚至爱人民的子弟兵也会以帮牧民、村民打井为任务。当然，由于河流、地下水的污染，今天的很多地区已经难以喝井水了，只能跟城里人一样买水喝。由此可见，现代社会的公共财产仍是一个问题。一个共同体如果没有人人可以享用的公共财产，这个共同体就是可疑的，是堪忧的。有一个一辈子生活在乡村的农民听说河水、堰塘水、井水都不能喝了时感叹道：这是什么报应？人作孽，老天爷不让活了啊。

井中可以观天，测天时看天影，人们说光景，也是因井而来。把过日子说成光景，则是井水即公共财富有无、多少所致，井水少了、脏了，光景就差了。“木上有水，井；君子以劳民劝相。”君子看到其无丧无得的精神，因此鼓励民众劳动至上，劝勉大家互相帮助。“井收勿幕，有孚元吉。”这就是公共事业及其福祉。

我们观察炎夏之际的民生民心，或社会公共财，能够理解民众或人性人心都渴求清凉的愿景。白居易有诗：“何以销烦暑，端居一院中。眼前无长物，窗下有清风。热散由心静，凉生为室空。此时身自得，难更与人同。”关于大暑的诗词极多，“大暑少清风”“大暑苦烦浊”“大暑暴虐如恶酒”“且欣大暑去酷吏”“大暑流金石”……诗人骚客都把炎热跟人间感受相提并论。连书斋里的学者钱锺书面对暴雨时也会想到官吏之酷：“大暑陵人酷吏尊，来苏失喜对翻盆。雷嗔斗醒诸天梦，电笑登开八表昏。忽噫雄风收雨脚，渐蜷雌霓接云根。苍苍似为归舟地，试让前滩水涨痕。”

因此，大暑虽然是最能让人的身体产生感觉的节气之一，最能调动人的身体语言，但由身体、心理之归宿认同，走向集体认同也是必然的。养生养身当然重要，但中国的先哲说，君子以劳民劝相，此时要有公益心，要发扬公共精神。

只有在公共财有保障的前提下，大暑才值得用心、用身体去感受它的另一面。大暑里有光景，有美，有元吉，有万物相处相劝的安顿。这一面也只有敏感的诗人、孩子才能体会到它。闻一多年轻时在美国读书，在大暑节气里写了一首题为《大暑》的诗：

今天是大暑节，我要回家了！
今天的日历他劝我回家了。
他说家乡的大暑节，
是斑鸠唤雨的时候。
大暑到了，湖上漂满紫鸡头。

大暑正是我回家的时候。

我要回家了，今天是大暑；
我们园里的丝瓜爬上了树，
几多银丝的小葫芦，
吊在藤须上巍巍颤，
初结实的黄瓜儿小得像橄榄……
啊！今年不回家，更待哪一年？

今天是大暑，我要回家了！
燕儿坐在桁梁上头讲话了；
科头赤脚的村家女，
门前叫道卖莲蓬；
青蛙闹在画堂西，闹在画堂东……
今天不回家辜负了稻香风。

今天是大暑，我要回家去！
家乡的黄昏里尽是盐老鼠，
月下乘凉听打稻，
卧看星斗坐吹箫；
鹭鹚偷着踏上海船来睡觉，
我也要回家了，我要回家了！

公历 8月7日—8月9日

凉风至，白露生，寒蝉鸣。

立秋

○ 君子以作事谋始

老树印信

“火一样的上午，过去了……在恐怖的酷热中，一切都呈着残酷感，但又呈着难言的美……走进下午的阳光时，我看见人的影子在蠕动……突然觉出‘凉爽’的一刹那，我怔了一怔。那低低的唤声正阴柔地浸漫而来，一瞬之间，不可思议，永远汗流浃背的身体干了。我吃惊地回顾，发现行人们——北京人们都在彼此顾盼。接着，满树叶子在高空抖动了，并没有风，只是树杈间传来一个信号。我差一点喊出声来，一切是这样猝不及防，只在那分秒之间，凉爽的空气便充斥了天地人间。”作家张承志的美文《天道立秋》就这样记录了他是如何见证立秋的。“久久的苦熬居然真能结束，立秋是真实的。只这样怔了一刹那，天空中那凉爽开始疾疾运行……涌涌的凉爽漫天盖地而来，在这一个时刻之中消除了全部往昔的苦热。”作家实证了立秋的古典意味，以至于感动、沉默着呐喊，“几乎想落泪”。

的确，立秋律，执法全部中国。据说老外在立秋日体验到节气之奥时激动道：“你们中国人的节气真棒！”立秋，是二十四节气中的第十三个节气，是干支历未月的结束以及申月的起始，时间在农历七月初一前后（阳历 8 月 7 日至 9 日）。对中国人来说，立秋的重要性在于，它是反映一个太阳年季节变化的八象八节之一，它是中国最早的节气之一。

立秋是一个重要的时空分界点。此时，太阳到达黄经 135°，北斗星指向西南方。“斗指西南，维为立秋，阴意出地，始杀万物。按秋训示，谷熟也。”秋，揪也，物于此而揪敛。“秋”字由禾与火组成，表示禾谷成熟的意思，立秋也就意味着禾谷开始成熟，草木开始结果孕子，收获季节到了。农谚曰：“立秋十八日，寸草皆结籽。”立秋以后，中国中部地区早稻收割，晚稻移栽，大秋作物进入重要生长发育时期。秋的意思是暑去凉来，秋天开始。

中国人说“立秋一日，水冷三分”。立秋时节，中国内地的西北强冷空气东移南下，一般会到达华北和中原，故中原地区有“早上立了秋，晚上凉飕飕”之说。而南海则常有热带低压气旋活动，甚至会转化为台风，强劲的南方暖湿气流北上，与西北强冷空气在秦岭一带交汇，为立秋后的北方带来秋雨，“立秋南风紧，秋后必连阴”，“一场秋雨一场寒，十场秋雨要穿棉”。

但对很多人来说，如果他们不是类似张承志那样的作家，不是时刻关心农事的农民，那么，立秋在身体感受上的变化并不大。夏伏的暑气在立秋后并未马上消失，“秋老虎”的余威甚于夏热，立秋因此又称交秋，只是交代了秋天的来临。对中国的很多地区来说，节气上的“立秋”并不代表本地真正入秋。气象学家认为，只有“连续五天日均气温低于22℃”的地区方可断为入秋。从这个标准看，中国相当多的地区正式入秋的时间要晚于立秋一两个月，而每年的大热三伏天的末伏也在立秋之后。中国南方的节气还是夏暑之气象，台风季节，天气酷热，中医因此把从立秋起的日子称为“长夏”。

物候的变化是微妙的。农民们感受到了：一候凉风至，二候白露生，三候寒蝉鸣。《逸周书·时训》：“立秋之日，凉风至；又五日，白露降；又五日，寒蝉鸣。”立秋后，我国许多地区开始刮偏北风，偏南风逐渐减少。刮风时人们会感觉到凉爽，此时的风已不同于盛夏酷暑天中的热风。由于白天日照仍很强烈，夜晚的凉风刮来形成一定的昼夜温差，空气中的水蒸气在清晨室外植物上凝结成一颗颗晶莹的露珠，大地上早晨会有雾气产生。这时候的寒蝉，食物充足，温度适宜，在微风吹动的树枝上得意地鸣叫着，好像告诉人们炎热的夏天过去了。当然，诗人的感受是“寒蝉凄切，对长亭晚，骤雨初歇”。在古人的理解里，凉风不吹来，说明国家政令无威严；早上白色露水不降，说明老百姓多患咳喘；寒蝉不鸣叫，说明大臣们会以力逞强。

这类细致的感受匹配了这个季节变化的节点。农谚说

“早立秋凉飕飕，晚立秋热死牛”，“早上立了秋，晚上凉飕飕；下午立了秋，热死老丫头；晚上立了秋，热死老黄牛”，“头伏芝麻二伏豆，晚粟种到立秋后”，“立秋种芝麻，老死不开花”，“立秋三场雨，秕稻变成米”，“立秋雨淋淋，遍地是黄金”，“立秋晴一日，农夫不用力”。据说，立秋之前如果刮北风，立秋之后必会有秋雨绵绵。但秋雨跟暴雨有别，如果南北交锋的冷暖气流过于强大，立秋日听到雷声，出现雷暴大雨，冬天就不怎么降雪，冬季就会干旱，冬季时农作物就会歉收，这就是“雷打秋，冬半收”的道理。与此相反，如果立秋日天气晴朗，“立秋晴一日，农夫不用力”，立秋时处于冷高压天气控制，晴空万里，必定可以风调雨顺地过日子，农事不会有旱涝之忧，可以悠闲坐等丰收。

《礼记·月令》：“立秋之日，天子亲帅三公、九卿、诸侯、大夫，以迎秋于西郊。还反，赏军帅、武人于朝。”《后汉书·鲁恭传》：“旧制至立秋乃行薄刑，自永元十五年（公元103年）以来，改用孟夏。”清潘荣陛《帝京岁时纪胜》：“若立秋之日得雨，则秋田畅茂，岁书大有。”

由此可知立秋的特殊性。在大时间尺度里，此时的时空卦象是上乾天、下坎水。天欲上，水欲下。天欲西行，水要东流。乾德为健，坎德为险，行险而健，必然冲突。立秋前后，人们既要晴天，也要雨水，而二者争夺，皆有客观之情、公道之义。人们从卦象中看到社会属性，父亲和次子性情的冲突。古典中国人因此把此时空命名为争讼的讼卦，以考察自然和人类社会的纷争。这个时候，因为庄稼丰收了，纠纷也就随之而起。乡土社会，经常有到人家地里偷割一镰刀的事发生，乡村之讼几乎都是这类鸡毛蒜皮的纠纷。当然，也会发展到大的利益冲突。春秋时代的新兴小强国郑国欺负周天子，就一而再地派兵去周天子的辖地抢割麦子，这一纷争几乎拉开了春秋周王室衰落的大幕。

立秋意味着秋天的开始。中国北方的农作物每年只耕作一次，所以秋后农作物收割后才算有了经济收入，此前欠下的债务可以在秋后算清了。现在的一些农村地区，农民在小的经销店购买生活用品，仍会拖到秋收后一起结算，这就是“秋后算账”的本义。《魏书·广陵王羽传》：“今始维夏，且待至秋后。”杜甫诗：“常愁夜来皆是蝎，况乃秋后转多蝇。”皮日休诗：“山瘦更培秋后桂，溪澄闲数晚来鱼。”罗隐诗：“霜压楚莲秋后折，雨催蛮酒夜深酤。”

“秋后算账”的内涵是丰富的。人身一年的债务、人生百年的债务，都要在秋后了结。中国古代犯人被判死刑之后就在秋后执行。这里有人道，考虑示警教育，因为农民在秋冬二季较为空闲，方便地方官动员民众观看。一般行刑的时间集中在 9 月、10 月之间，所以会有“秋后问斩”成语。这里有天道，因为秋季带有肃杀之气。冬天百物萧条，亦适合执刑。汉代法律规定，刑杀只能在秋冬进行，立春之后不得刑杀。唐宋以至明清的法律也基本上遵循“秋冬行刑”的制度或天道。董仲舒认为“天有四时，王有四政”，“庆、赏、罚、刑与春、夏、秋、冬以类相应”。天意是“任德不任刑”，“先德而后刑”的，所以应当春夏行赏，秋冬行刑。《周礼》是中国最早关于制度安排和设计的著作，书中把掌管刑罚的司寇称为“秋官”。

中国古代战争由于缺乏足够的补给，直到春秋时代仍只能实行“春耕秋战”，在不违农时、不伤民力的前提下，来从军事上获取利益，没有结果的也只能“来年秋天再战”，“沙场秋点兵”。《礼记·月令》记载：“孟秋之月，……用始行戮。”因此，中国的《易经》记有“至于八月有凶”的判断，即是说一个地区的发展，春生夏长之后，到了秋天会有争夺、争战的凶危之事发生。秋天多事，是谓“多事之秋”。直到民国，大军阀孙传芳还有名言：“秋高马肥，正好作战消遣。”

因此，立秋之秋的意义是非常大的。《淮南子·说山训》：“见一叶落而知岁之将暮。”唐人有诗：“山僧不解数甲子，一叶落知天下秋。”宋玉曰：“悲哉，秋之为气也。”秋气乃阴盛衰杀之气。人感秋气而衰，原是自然之理。中国对秋有一种极为悲情的生命意识，“人生一世，草木一秋”，“惟草木之零落兮，恐美人之迟暮”，生命忧患跟社会忧患相连。

“我岂楚逐臣，惨怆出怨句？逢秋未免悲，直以忧国故。”

对中国人来说，心上有秋即是“愁”。汉朝人即感叹：“常恐秋节至，焜黄华叶衰。”后来者更甚，杜甫诗说：“万里悲秋常作客，百年多病独登台。”柳宗元说：“海畔尖山似剑铓，秋来处处割愁肠。”刘长卿说：“古台摇落后，秋入望乡心。”还有马致远的“秋思之祖”：“枯藤老树昏鸦，小桥流水人家，古道西风瘦马。夕阳西下，断肠人在天涯。”还有秋瑾名句：“秋风秋雨愁煞人。”

当然，除了敏感的作家、诗人，民众的生命力仍是健旺的。凄凄惨惨、冷冷清清的秋景，在民众那里仍可以过得喜庆。《东京梦华录》记载：“立秋日，满街卖楸叶，妇女儿童辈，皆剪成花样戴之。”《武林旧事》则有：“立秋日，都人戴楸叶，饮秋水、赤小豆。”民国时期出版的《首都志》中说：“立秋前一日，食西瓜，谓之啃秋。”《津门杂记·岁时风俗》：“立秋之时食瓜，曰咬秋，可免腹泻。”

这种“啃秋”“咬秋”一类的习俗极多。如更著名的“贴秋膘”。儿时在农村生活，在立秋这天，全村的小孩子多会让大人拽到悬秤上称重，以与前些时立夏的体重对比。在炎热的夏天，人的体重大都要减少一点。秋风一起，胃口大开，要补偿夏天的损失，补的办法就是“贴秋膘”，在立秋这天吃肉，“以肉贴膘”。

可见立秋一节的丰富意义。刘禹锡说："自古逢秋悲寂寥，我言秋日胜春朝。"王维说："空山新雨后，天气晚来秋。"孟浩然则斩钉截铁："愁因薄暮起，兴是清秋发。"辛弃疾说："而今识尽愁滋味，欲说还休，欲说还休，却道天凉好个秋。"

秋天确实值得讴歌，流行歌曲唱道："我从垄上走过，垄上一片秋色，枝头树叶金黄，风来声瑟瑟，仿佛为季节讴歌。我从乡间走过，总有不少收获，田里稻穗飘香，农夫忙收割，微笑在脸上闪烁……"

对古典中国人说来，立秋带来的丰富而重大的变化，是值得一开始就要做好准备的。立秋时空，"天与水违行，讼；君子以作事谋始"。人们强调说，天和水的行动相违背，这就是讼卦的形象。君子观此卦象，以杜绝争讼为义，从而在开始做事前就谋划好，使大家能够免除争执。农耕社会最怕打官司，人们说，好狗不咬架；人们说，好咬架的狗落不了一张好皮。对乡村生活的人来说，争讼就像打仗，杀敌一千，自损八百。即使官司打赢了，大家都在一个地方生活，熟人社会，一辈子成了仇人，也不是什么好事。孔子在《论语·颜渊》中说："听讼，吾犹人也，必也使无讼乎。"这也是古典中国与好讼成风的现代社会不同的原因之一。

公历 8月22日 — 8月24日　　　　鹰乃祭鸟，天地始肃，禾乃登。

处暑　　　　○ 君子以慎辨物居方

当太阳在黄道上运行到150° 时，即每年的8月23日前后，夏天的暑气算是真正结束了。这个节气就叫处暑。《月令七十二候集解》：“处，止也，暑气至此而止矣。”“处暑，暑将退伏而潜处。”处暑节气前后中国大部分地区日平均气温仍在22℃以上，处于炎热的夏季，但是这时北方冷空气南下次数增多，气温下降逐渐明显。

人们说此时的天气“一场秋雨一场凉”，“立秋三场雨，麻布扇子高搁起”，“立秋处暑天气凉”，“处暑热不来”，就是对“处暑”气候变化的直接描述。处暑期间的气候特点是白天热，早晚凉，昼夜温差大，降水少，空气湿度低。

古人将处暑节气分为三候：一候鹰乃祭鸟，二候天地始肃，三候禾乃登。此节气中老鹰开始大量捕猎鸟类；天地间万物开始凋零；“禾乃登”的“禾”是黍、稷、稻、粱等农作物的总称，“登”即成熟的意思，如“五谷丰登”。

“鹰乃祭鸟”一语相当有美学或象征的意义。鹰在大寒节气、小暑节气里稍有介绍，在数千年的历史上，鹰被奉为神一样的存在，鹰是战神的象征。《列子·黄帝篇》记载：

“黄帝与炎战于阪泉之野，帅熊、罴、狼、豹、貙、虎为前驱，雕、鹖、鹰、鸢为旗帜。”后人也说：“鹰击长空，鱼翔浅底，万类霜天竞自由。”

“天地始肃”一语超越万物，直接以天地表征物候。《礼记》记载，此时开始刑杀：“始用行戮。天子居总章左个，乘戎路，驾白骆，载白旗，衣白衣，服白玉。”“天子乃命将帅，选士厉兵，简练杰隽，专任有功，以征不义，诘诛暴慢，以明好恶，顺彼远方。”“命有司修法制，缮囹圄，具桎梏，禁止奸，慎罪邪，务搏执，命理瞻伤察创，视折审断。决狱讼，必端平，戮有罪，严断刑。天地始肃，不可以赢。”天地肃杀之气渐起，古人常在这一个时节处决犯人，谓之“秋决”，就是要顺天地肃杀之气。春生、夏长、秋收、冬藏。秋收，在秋天收取死囚的性命。秋天“行戮”“戮有罪”成了定制。在传统文化里，金木水火土五行相生相克，金对应秋和西方，行刑使刀，所以用金于秋、于西门外问斩。明清时，斩首在宣武门外，宣武门乃城西门。

对先民来说，“禾乃登”也是季候中的一件大事。农民要进献五谷，天子尝食新收获的谷物，首先要奉献给祖庙。对传统社会而言，五谷丰登意味着风调雨顺，国泰民安。

这三类物候之所以重要，在古人看来，如果鹰在此时不捕鸟祭天，那就意味着行军打仗会劳而无功；如果天地不肃杀，那么君臣之间就会不分上下；如果农田收获不了五谷，那就意味着气候酿成了灾害。

处暑时节的气温不算低。控制中国的西太平洋副热带高压在南移过程中又向北抬，天气晴朗少云，日照强烈，气温回升。《大气科学辞典》："副热带高压再度支配江淮流域，气温回升，形成闷热天气。"中国民间称此为"秋老虎"，"大暑小暑不是暑，立秋处暑正当暑"。这种回热天气在北半球多有表现，德国人称为"老妇夏"（Altweibersommer），北美人称为"印第安夏"（Indian Summer）。气象专家认为，"秋老虎"一般最高气温在33℃以上，并且持续酷热好几天。顾铁卿曾说："土俗，以处暑后天气犹暄，约再历十八日而始凉；谚有云，处暑十八盆，谓沐浴十八日也。"这意思是还要经历大约十八天的流汗日，每天以一盆水洗澡。

"处暑谷渐黄，大风要提防。"处暑以后，气温日夜差别增大，由于夜寒昼暖，作物白天吸收的养分到晚上贮存，因而庄稼成熟很快。"处暑禾田连夜变"，"处暑三日无青谷"，"处暑三朝稻有孕"，"处暑满田黄，家家修廪仓"，"处暑不处暑，七月十五吃稻黍"，等等，都说明处暑节气后，作物很快就要收获了。

一方面，成熟的农作物等待好天气收割，如黄淮地区及长江中下游的早中稻急需收进谷仓，这时的连阴雨就是不利的。另一方面，一些生长关键期的作物又需要充沛的雨水，处暑节气的晚稻正值圆秆，甘薯正膨大，夏玉米、高粱陆续可收，棉花吐絮日盛，苹果、梨子等水果也处于最后的膨大定型期，此时是决定秋庄稼收成的关键期，对水分要求也相对偏多，否则导致减产，如稻谷穗小、空壳率高。这种变化多端而矛盾的情形在民谚中也有反映，如“处暑不浇苗，到老无好稻”，“千浇万浇，不如处暑一浇”，“处暑雨如金”，“立秋下雨人欢乐，处暑下雨万人愁”。

对没有按时播种的庄稼，大自然会给以严厉的惩罚，农民也幽默地总结了。“处暑花，不回家”，“处暑不出头，割得喂了牛”，说明误了农时，不论棉花还是粮食作物都不会有好收成。儿时在农村，经常遇到这样的情况，误时而种的作物只生长而不结籽实，只好当草割了喂牛。

处暑的天气变化多端跟农业生产的要求也相匹配。“处暑一声雷，秋里大雨来。”当北方冷空气逐渐影响中国内地时，若大气干燥，会带来刮风天气，若大气中有暖湿气流输送，则会带来秋雨。风雨过后，人们会感到较明显的降温。“一场秋雨（风）一场寒。”气温下降日趋明显，昼夜温差加大，秋雨过后又会艳阳当空，人们往往对此时的冷热变化不很适应，一不小心就容易引发呼吸道感染、肠胃炎、感冒等流行疾病，这是“多事之秋”。

“大旱弥千里，群心迫望霓。”在处暑节气，人们要当心“秋燥”伤人，注意平时的饮食调理，少吃或不吃辛辣香燥食品，多食清淡食品。由于气候渐干燥，很多人会感到早晨起床时嗓子发干，皮肤干燥，即使饮用一大杯水，也难以解渴。这种现象就是人们常说的“秋燥”。“秋燥”属温燥，病症多表现为头疼、少汗、口渴、干咳少痰、咽干不适、手脚心热等，跟上呼吸道感染并不相同，这种具有明显季节性的不适，主要与久晴少雨、秋阳暴烈的气候有关。

对古典中国人来说，处暑期间最大的空间之象为艳阳高照下的大江大河。大时间尺度里的卦象正好是上火下水，天气仍如火般炎热，而河水已经凉得让人抽筋。这一火水状态是一种令人叹惜又具有挑战的未济状态，是新的开始、新生的希望。河流及其未济状态是一个意义丰富的对象。《易经》多有“利涉大川”的话。老子说，上善若水，水善利万物而不争；子贡则说，君子见之所以大水必观焉……河流蕴藏了中国人的历史记忆和人生圆满之想象。从南北朝开始，南北中国之间的关系更是以文明自任的中国人的伤心之所，桓温北征，感叹：“树犹如此，人何以堪？”宋时抗金名将宗泽临死前大喊三声：“渡河，渡河，渡河。”慧能渡江，辞别师父：“迷时师渡，悟时自渡。”至现代中国，西南联大更上演了南渡北归的历史大剧。可见，过河之于我们的复杂意义。以至于邓小平在谈论他的改革开放设想时，借用了这一形象比喻，说明我们中国的转型是“摸着石头过河”。

中国人对处暑的火水时空命名是“未济”，未济卦在后天秩序里被排列为六十四卦的最后一卦，表达了中国人的时空观：自宇宙开始，人生自然永远未济，有始无终，没有结论，没有尽头。“靡不有初，鲜克有终。”未济，在历史上让人伤感而省思。杜甫有诗：“出师未捷身先死，长使英雄泪满襟。”龚自珍则说：“未济终焉心缥缈，百事翻从缺陷好。吟道夕阳山外山，古今谁免余情绕。”

对此“未济时空”，中国先哲观象系辞说：“火在水上，未济。君子以慎辨物居方。”君子观此卦象，有感于水火错位不能相克，从而以谨慎的态度辨别物类，使物群分，使其各得其所，各处以道。未能延续波旁王朝的路易十六就不曾了解“未济”之义，当巴士底狱被攻占的时候，他在日记本上写的是“14日，星期二，无事”。第二天，大臣向他报告情况，他吃惊而困惑：“怎么，造反啦？”大臣回答说：“不，陛下。这是一场革命。”

宋人仇远的诗《处暑后风雨》很得“慎辨物居方”之义：“疾风驱急雨，残暑扫除空。因识炎凉态，都来顷刻中。纸窗嫌有隙，纨扇笑无功。儿读秋声赋，令人忆醉翁。”虽然唐人也有“强起披衣坐，徐行处暑天”一类的诗句，但真正体味处暑时空意义的是宋人。宋人长于论理，他们在时空感受中也辨析到义理。如他们说：“处暑无三日，新凉直万金。白头更世事，青草印禅心。”他们说：

“处暑余三日，高原满一犁。我来何所喜，焦槁免无泥。”他们说：“尘世未徂暑，山中今授衣。露蝉声渐咽，秋日景初微。四海犹多垒，余生久息机。漂流空老大，万事与心违。”

至于民间，没有这类深邃的思绪，有的是生活乐趣。中国北方人就称处暑之际的小蜻蜓为“处暑”。晚明谢肇淛曾点评此类民俗说：“今俗指麦间小虫为麦秋，可笑也，亦犹北人指七月间小蜻蜓为处暑耳。”

处暑之后，秋意渐浓，是人们畅游郊野迎秋赏景的好时节。处暑过，暑气止，云彩疏散自如，不像夏天的浓云成块，民间因此有“七月八月看巧云”之说，即“出游迎秋”。当然，处暑之际有中国农历的“乞巧节”，这是中国的情人节，牛郎织女的传说几乎跟中国文明相始终，男女君子的相思相亲也确实需要“慎辨物居方”。处暑之际还有“中元节”即“鬼节”，民间为此有祭祖、布施等重大活动，如“放河灯”的习俗。萧红《呼兰河传》中曾解释这种习俗：“七月十五是个鬼节，死了的冤魂怨鬼，不得托生，缠绵在地狱里边是非常苦的，想托生，又找不着路。这一天若是每个鬼托着一个河灯，就可得托生。”

总之，了解处暑，能够让我们理解天人相应的微妙。一如物候的“天地始肃”，君子当以身为度，去辨物居方，谨言慎行，反省收敛，才能在千变万化的时空中适得其所。

公历 9月7日—9月9日

鸿雁来，玄鸟归，群鸟养羞。

白露

○ 君子以常习德教

老树印信

太阳自夏至后一路向南，到达黄经165° 时，即阳历的9月8日前后，迟钝的人都能感觉到天气的变化了。天气转凉，温度降低，水汽在地面或近地物体上凝结而成水珠。阴气逐渐加重，清晨人们可以在地面草木间看到白色的露珠，这个农历八月的节气即为白露。《月令七十二候集解》："八月节……阴气渐重，露凝而白也。"

自白露节气始，中国内地的夏季风逐步被冬季风所代替，冷空气转守为攻，暖空气退避三舍。冷空气逐渐南下，带来一定范围的降温幅度。"白露秋分夜，一夜凉一夜"即在形容气温下降的速度加快。可见白露是一个重要的时间节点，白露本身也有气象预报的功能。中国人说，"露水见晴天"，"草上露水凝，天气一定晴"，"草上露水大，当日准不下"，"夜晚露水狂，来日毒太阳"，"干雾露阴，湿雾露晴"。

白露节气有气温迅速下降、绵绵秋雨开始、日照骤减等特点，反映出由夏到秋的季节转换。白露期间，华南地区的平均气温比处暑期间要低3℃左右，大部地区的平均气温先后降至22℃以下。按气候学划分四季的标准，时序开始进入到秋天。

白露期间，中国北方地区降水明显减少，秋高气爽，比较干燥。南方的伏旱、夏旱则需要一定的秋雨，否则会形成夏秋连旱。民谚形容："春旱不算旱，秋旱减一半。春旱盖仓房，秋旱断种粮。"对长江中下游地区来说，第一场秋雨可以缓解前期的缺水情况，但如果冷空气与台风相汇，冷暖空气势均力敌，所形成的暴雨或低温连阴雨对秋季作物生长也是不利的。

白露是典型的秋天节气，一候鸿雁来，二候玄鸟归，三候群鸟养羞。鸿雁与燕子等候鸟南飞避寒，百鸟开始贮存干果粮食以备过冬。白露的三候都与鸟有关，春分之际北飞的玄鸟、燕子此时回来了，而众多的鸟感受到天地肃杀之气，储藏食物以备过冬。细心的人还发现，各类鸟儿在此时也开始养护增生它们的羽毛来御寒。南朝诗人鲍照说："玄武藏木阴，丹鸟还养羞。劳农泽既周，役车时亦休。"

鸿雁民间俗称大雁，在千百年的集体记忆中也有极丰富的意味。金秋白露，物华将尽，但看大雁以"一字阵"或"人字阵"布阵南征，又令人心胸开阔，精神振奋。如在小寒节气中介绍的，在中国人心中，大雁是禽中之冠，是具足仁义礼智信的灵物，以至于秋天也称雁天。中国北方的重要关隘，其为首者即名为"雁门关"，"得雁门而得天下，失雁门而失中原”。在中国和印度的传说中，大雁还是愿力的象征，故藏佛经的塔称为雁塔。大雁还象征着爱情、乡愁、书信，欧阳修有诗：“夜闻归雁生乡思，病入新年感物华。”李清照有词：“云中谁寄锦书来，雁字回时，月满西楼。”杜甫有诗：“鸿雁几时到，江湖秋水多。”大雁的亦刚亦柔、优美的姿态给人美的享受，曹植有诗：“翩若惊鸿，婉若游龙。”

白露的三候如果不能出现，就意味着人间有事。古人相信，如果鸿雁不飞南方，就说明远方之人有背叛；如果燕子不南归，就说明家族会离散；如果群鸟不积蓄过冬粮食，就说明下臣骄横傲慢。时过境迁，我们今天很难说古人的这些总结是经验的还是推理的，是迷信的还是防卫过当的。但在万物万象之间建立起有意义的“链接”，也是今天互联网时代人们重要的生存方式。

民谚说，“过了白露节，夜寒日里热”，“白露节气勿露身，早晚要叮咛”，即是提醒人们此时昼夜温差大，要小心着凉。“白露白迷迷，秋分稻秀齐。”白露前后若有露，则晚稻将有好收成。中国人还观察到，白露时节下雨对农业不利，雨下在哪里，就会苦在哪里。农谚说，“白露前是雨，白露后是鬼”，“白露下了雨，市上缺少米”。

古典中国人在白露时空感受到了多重的意义。到了白露，就意味着人们进入了一年辛苦后的收获季节，有了交换生活日用的资本，给王公大人进贡，王公大人也会回赐礼物。从责任义务的层面讲，这是一个尽责尽义的时期。后来演变为社会交往的礼仪，上下之间要有规矩，要礼尚往来。这个节气，因此也意味着熟习、学习权利义务和礼节的阶段。

对成年人来说，白露不能露，夏天穿戴随性，如光膀子一类的赤身露体，到了此时，自然天气告诫不能露了，社会人情也告诫需要讲究一些了，要注意自己的德行。对孩子们来说，打架、游泳、摸鱼儿、掏鸟儿等自在狂野的日子结束了，即使硬着头皮也要接受管教了。就是说，这是需要学习、启蒙的时候。中国人观象系辞说："君子以常德行，习教事。"君子尊尚德行，学习教化之事。"君子以果行育德。"君子以果敢坚毅的行动来培养自身的品德。

《礼记·王制》说，学童首先换上学服，拜笔，入泮池，跨壁桥，然后上大成殿，拜孔子，行入学礼。《读书郎》唱道："小呀么小儿郎，背着那书包上学堂，不怕太阳晒，也不怕那风雨狂，只怕先生骂我懒哪，没有学问啰无颜见爹娘。"几经转折，现代中国的教师节（9 月 10 日）在白露节期间。中国人见面，如果对方的孩子调皮捣蛋，常会问说发蒙没有，即指是否开始上学了。如家长回答还没有，就是喜欢玩，多动，坐不下来，这时彼此都会叹气。

巧合的是，国际扫盲日（9月8日）也在白露节。国际扫盲日（International Literacy Day）是联合国教科文组织在1965年11月17日召开的第14届代表大会上所设立的，日期为每年的9月8日，旨在动员世界各国以及相关的国际机构重视文盲现象，与文盲现象做斗争，促进世界各国普及初等教育，提高初等教育的水平，使适龄儿童都能上学，达到能够识字的目标。最终达到增进人际沟通，消除歧视，促进文化传播和社会发展的目标。

白露节除了让人们唤醒自己的品性、觉察自己的德性等意义外，还最明白地点出了季节的颜色属性，即秋天的颜色。在中国人的观察里，大千世界的每一物象都有其时间、空间属性，不同的时间、空间都有其声色触味属性。很多人以为夏天的味道是甘甜的，但中国人常说“苦夏”；很多人以为夏天是绿色的，秋天是金黄色的，但中国人以为，夏天的颜色是红，秋天的颜色是白。对时空品性的观察命名和结构化，可谓古典中国人的发明。因为白露节气，有人以为古人以四时配五行，秋属金，金色白，故以白形容秋露。我们今天已经很难理解秋白是来源于白露，还是白露得名于秋之色白。

白露对中国人来说是诗意的。两千多年前的《诗经》名篇《蒹葭》即提到了白露：“蒹葭苍苍，白露为霜。所谓伊人，在水一方。溯洄从之，道阻且长。溯游从之，宛在水中央。蒹葭萋萋，白露未晞。所谓伊人，在水之湄。溯洄从之，道阻且跻。溯游从之，宛在水中坻。蒹葭采采，白露未已。所谓伊人，在水之涘。溯洄从之，道阻且右。溯游从之，宛在水中沚。”可见古典中国人对物候观察的细腻，他们对天地与人情的关系既随时起兴，又明心见性。

后来的诗人更在白露节前驻足沉思。左思说：“秋风何冽冽，白露为朝霜。柔条旦夕劲，绿叶日夜黄。明月出云崖，曒曒流素光。披轩临前庭，嗷嗷晨雁翔。高志局四海，块然守空堂。壮齿不恒居，岁暮常慨慷。”白居易说：“八月白露降，湖中水方老。旦夕秋风多，衰荷半倾倒。手攀青枫树，足蹋黄芦草。惨澹老容颜，冷落秋怀抱。有兄在淮楚，有弟在蜀道。万里何时来，烟波白浩浩。”当然，还有杜甫的金句：“露从今夜白，月是故乡明。”

我们说白露节气的人文含义之一是教化启蒙，说明蒙昧正在其中。人们对露水的认识即经历了无知而附会的荒唐历史，古人多以为露水神奇，可以祛病延寿。自古以来，“露”就被附会为瑞祥之物。古人说：“露色浓为甘露，王者施德惠，则甘露降其草木。”可见，“甘露降”是帝皇施仁政、德泽万民的征兆。历史上有名的“甘露之变”即与此有关。唐朝的文宗皇帝在位时，有人发现石榴树上有甘露降临，认为是上天赐予的祥瑞，百官祝贺，大家劝皇帝去观露，皇帝和相关大臣借机想铲除弄权的宦官，结果一千多人惨死，史称“甘露之变”。

《洞冥记》载：“东方朔游吉云之地……得玄黄青露，盛之琉璃器以授帝（汉武帝）。帝遍赐群臣，得露尝者，老者皆少，疾病皆愈。”大学者、大科学家张衡《西京赋》所云：“立修茎之仙掌，承云表之清露，屑琼蕊以朝餐，必性命之可度。”史书记载，汉武帝做铜露盘，承天露，和玉屑饮之，欲以求仙。汉武帝听信方士之言，以为将玉磨成粉屑后和露水饮用，可以长生。为了求取来自上天的纯正的清露，汉武帝在柏梁宫建造了高达二十丈的铜质承露盘。“至太初元年，十一月乙酉，天火烧柏梁台。”人们以为这是汉武帝穷兵黩武、淫酷自恣、违背天意而得到的报应。《三国演义》中也有一回“武侯预伏锦囊计，魏主拆取承露盘”。而唐朝的天才诗人李长吉则有名诗《金铜仙人辞汉歌》：“茂陵刘郎秋风客，夜闻马嘶晓无迹。画栏桂树悬秋香，三十六宫土花碧。魏官牵车指千里，东关酸风射眸子。空将汉月出宫门，忆君清泪如铅水。衰兰送客咸阳道，天若有情天亦老！携盘独出月荒凉，渭城已远波声小。”

可见，启蒙的意义是重大的。而对诗人来说，白露永远是可以感怀的。现代诗人阿垅有诗《无题》：

不要踏着露水——

因为有过人夜哭。……

哦，我底人啊，我记得极清楚，

在白鱼烛光里为你读过《雅歌》。

但是不要这样为我祷告，不要！

我无罪，我会赤裸着你这身体去见上帝。……

但是不要计算星和星间的空间吧

不要用光年；用万有引力，用相照的光。

要开作一枝白色花——

因为我要这样宣告，我们无罪，然后我们凋谢。

公历 9月22日—9月24日　　　　雷始收声，蛰虫坯户，水始涸。

秋分　　　　○ 君子遁世无闷

太阳与地球无时无刻不在互动。它们的关系、互动的轨迹（如黄道、南北回归线）等构成了中国文化中天道范畴的核心。天道如何，地道即会跟从效法，人道则经历了从本能跟从到自觉跟从的历史。虽然人类世界一直寻找超越，但天道至今仍在影响我们。

当太阳抵达黄经 180° 时，阳光直射地球赤道，这一天即为每个太阳回归年的 9 月 23 日前后，这一天地球上昼夜均分，白天黑夜各占十二小时，人们命名为秋分。秋分日是四时八节的大八节之一，这是一个重要日子。《春秋繁露》中说："秋分者，阴阳相半也，故昼夜均而寒暑平。"

秋分这天，全球无极昼极夜现象。由于太阳直射赤道，南北极同时都可以看见太阳，分享着同一个白昼。而在南北纬 45° 线上，不用爬高，即可丈量出建筑物的高度：物体的高度与其影子一样长，知道了影子的长度，也就知道了建筑物的高度。至于在赤道上，人们会发现任何物体都找不到自己的影子。

古典中国人以立春、立夏、立秋、立冬为四季的开始，秋分日居秋季九十天之中，平分了秋季。阳光直射的位置继续由赤道向南半球推移，北半球昼短夜长的现象将越来越明显，直至冬至日达到黑夜最长白天最短；昼夜温差逐渐加大，甚至在 10℃以上；气温逐日下降，一天比一天冷，大部分地区的日平均气温都降到了 22℃以下，逐渐步入深秋季节。

秋分日，中国内地大部分地区已经进入凉爽的秋季，南下的冷空气与逐渐衰减的暖湿空气相遇，产生一次次的降水。如人们所说的那样，已经到了“一场秋雨一场寒”的时候，但秋分之后的日降水量不会很大。南、北方的田间耕作各有不同。北方谚语说“白露早，寒露迟，秋分种麦正当时”，南方则是“秋分天气白云来，处处好歌好稻栽”，反映出江南地区播种水稻的时间。秋季降温快的特点，使得秋收、秋耕、秋种的“三秋”大忙显得格外紧张。秋分棉花吐絮，烟叶也由绿变黄，正是收获的大好时机。华北地区已开始播种冬麦，长江流域及南部广大地区正忙着晚稻的收割，抢晴耕翻土地，准备油菜播种。秋分时节的干旱少雨或连绵阴雨是影响“三秋”正常进行的主要不利因素，特别是连阴雨会使即将到手的作物倒伏、霉烂或发芽，造成严重损失。故乡村经验是“秋分只怕雷电闪，多来米价贵如何”。

秋分是美好宜人的时节。中国内地的大部分地区凉风习习，碧空万里，风和日丽，秋高气爽，丹桂飘香，蟹肥菊黄。秋分时节，清晨的树木草叶上可见到白色的露珠晶莹剔透；夜间，在菜园、草丛里的蛐蛐、蝈蝈等秋虫也知道天气冷了，鸣叫声格外清亮。农民可以分享秋收的幸福，看着金黄的稻谷颗粒归仓，享受着晨露与清风。正如《易经》中坤卦的大地之歌，此时是“括囊”而“黄裳”，将收获的果实扎进口袋里，大地披上了金黄色的衣裳。这种秋色不逊于春色，甚至比春色更多一种意味，是以汉语中有“平分秋色”的成语。楚人有诗：“皇天平分四时兮，窃独悲此凛秋。”唐人有诗：“穷秋感平分，新月怜半破。”“平分秋色一轮满，长伴云衢千里明。”

有意思的是，国际和平日，即世界停火日（9月21日），正巧在秋分期间。“国际和平日应成为全球停火和非暴力日，并邀请所有国家和人民在这一天停止敌对行动”。这不仅仅有秋分势均力敌、不分上下、平分秋色的意思，而且有交战方在此休战，以便救援人员为交战各方提供人道主义援助，给交战方以反思的机会的意思。

中国人则把秋分日过得入俗。秋分的习俗很多，如祭月、拜神、送秋牛、吃秋菜汤，等等。“秋汤灌脏，洗涤肝肠。阖家老少，平安健康。”还有竖蛋游戏，“秋分到，蛋儿俏”。人们会在秋分日选择一个光滑匀称的新鲜鸡蛋，轻轻地在桌子上把它竖起来。据说原因是在秋分这一天，地球地轴与公转轨道平面处于一种力的相对平衡状态，鸡蛋较容易竖立。

但如前说，古代中国人对物候的感受是细腻的。尽管秋色美好，但他们知道，好景不长了。正如大地呈献粮食作物之后，一片萧条。一切都如俗话所说的“秋后的蚂蚱，蹦跶不了几天了”。诗人为赋辞章只能强言“天凉好个秋”，或说：“自古逢秋悲寂寥，我言秋日胜春朝。晴空一鹤排云上，便引诗情到碧霄。”今天的词人林夕写道：“那段盛夏灿烂过，长过一声叶落，短过世间一甲子，如雾水不堪风沙挥霍，那段日月转动过，荷塘哪可不干涸，情人也只好收割……寒蝉临行也替秋分做证，告诉我黄叶随腐土隽永，凭何让彼此变一对雪人拥抱着等待决裂有声，凝固那还未幻灭的风景。”

人们观察此时的物候总结说：一候雷始收声，二候蛰虫坯户，三候水始涸。古人认为雷是因为阳气盛而发声，秋分后阴气开始旺盛，所以不再打雷了。“坯”字是细土的意思，就是说由于天气变冷，蛰居的小虫开始藏入穴中，并且用细土将洞口封起来以防寒气侵入。“水始涸”是说此时降雨量开始减少，由于天气干燥，水汽蒸发快，所以湖泊与河流中的水量变少，一些沼泽及水洼处便处于干涸状态。可见，万象都在收藏，都在为迎接严寒的冬天做准备。清代有诗人说："遇节思吾子，吟诗对夕曛。燕将明日去，秋向此时分。逆旅空弹铗，生涯只卖文。归帆宜早挂，莫待雪纷纷。"

把人间的现象跟物候对应，古人铁口直断，如果雷震不停止声响，说明诸侯为人不正，纵欲放荡；如果冬眠动物不培修洞穴，说明老百姓会失去依靠；如果积水不干涸，意味着带甲的动物要成灾。

《黄帝内经·素问》曰："秋三月，早卧早起，与鸡俱兴。"古人认为，秋分之时，自然界的阳气由疏泄趋附向收敛闭藏转变，凡起居、饮食、精神、运动等方面皆不能离开"收养"这一原则。由此，秋分也是提醒人们要重视内守，养精蓄锐，为严寒的来临做准备。秋分之后，气候越来越干燥，很多人表现出不同程度的皮肤干燥、咽干唇燥、鼻子出血、干咳少痰、心烦、便秘。这种现象被称为"秋燥"，应对秋燥的方法只能是静心，韬光养晦。

无论是物候的显象，还是人身体的征兆，都在提醒人们要换一个活法，即进入不同于春夏的另外时空中去。这个节气的律令既是告别，又是新生。既是告别旧的时空，又是进入新的时空。宋代词人柳永曾经写江南秋天的美景："东南形胜，三吴都会，钱塘自古繁华。烟柳画桥，风帘翠幕，参差十万人家。云树绕堤沙。"据说，在北方感受秋天萧索的金国皇帝完颜亮越看越羡慕，当看到后面的"有三秋桂子，十里荷花”时，油然而定“投鞭渡江之志”，而生“侵吞南宋之心”。可见，秋分在提醒人们要寻找新家园。

从大自然的角度看，无论如何寻找，秋分的本质在于收养。春生春种，秋收秋敛。秋分意味着隐居、避让，意味着独立不惧、遁世无闷。有心的农民会在秋忙空闲之际检查、修缮房屋，欧美勤劳的农民则会刷漆、换地板、换门窗，使房子焕然一新，以迎接冬天。叶芝有诗：“我就要动身走了，去心灵自由之岛，搭起一个小屋子，筑起泥巴房子……从早晨的面纱落到蟋蟀歌唱的地方，午夜是一片闪亮，正午是一片紫光，傍晚到处飞舞着红雀的翅膀。我就要动身走了，因为我听到那水声日日夜夜拍打着湖滨，不管我站在车行道或灰暗的人行道，都在我内心深处听到这声音。”

秋分跟春分时的日地运动有一致性，只是运动的向量相反，对北半球的人们来说，春分时的感受跟此时的感受决然相反。春分时万物都在生发，都踏上了征程，都有无限的可能性；秋分时在收敛，在告别，在隐居。在此意义上，秋分也在检验一年的收获，我们有什么可以归隐？有什么可以献祭？

里尔克的名诗即是对秋日最好的感怀篇章之一：

主呵，是时候了。夏天盛极一时。

把你的阴影置于日晷上，

让风吹过牧场。

让枝头最后的果实饱满；

再给两天南方的好天气，

催它们成熟，

把最后的甘甜压进浓酒。

谁此时没有房子，就不必建造，

谁此时孤独，就永远孤独，

就醒来，读书，写长长的信，

在林荫路上不停地徘徊，

落叶纷飞。

公历 10月7日 — 10月9日　　　鸿雁来宾，雀入大水为蛤，菊有黄华。

寒露　　○ 君子以矫枉过正

老树印信

当太阳到达黄经195° 时，即阳历的10月8日前后。此时，在地球北半球人眼里，太阳又向南移动了一大步。太阳给北半球的能量更加少了，北半球的气温比白露时更低，地面的露水更冷，快要凝结成霜了。这个时空节点，中国的先哲命名为寒露，以表明气候从凉爽到寒冷的过渡。

《诗经》说："七月流火，九月授衣。"这里的月份是农历，九月相当于太阳历的10月，是准备寒衣的时候了。而七月那代表盛夏的大火星此时已经西沉，星空都在换季，"大火西流"，不仅意味着秋天，也让人明白冬天不远了。《月令七十二候集解》："九月节，露气寒冷，将凝结也。"

对中国这片纬度高低皆具，横跨热带、亚热带、暖温带、寒温带等众多气候带的陆地而言，节气只对长江、黄河流域有清晰的指示作用。如寒露时节，南岭地区才刚刚进入秋季，而东北和西北地区已进入或即将进入冬季了。这一时节，华南日平均气温多不到20℃；在长江沿岸地区，最低气温降至10℃以下；西北高原平均气温普遍低于10℃，用气候学划分四季的标准衡量，已是冬季了。

这也是中国内地的时间特征，夏冬之时气候几乎一统河山，而春秋之时东南西北的差异极大。寒露时，北方已呈深秋景象，白云红叶，偶见早霜；南方才秋意渐浓，蝉噤荷残。对天气敏感的人意识到，自寒露开始，中国北方的冷空气取得了强势地位，大部分地区处在冷高压的控制之下，雷暴已经消失，如果还有雷声，那也是最后的雷声了，“雨季不再来”。至于海南、西南地区仍有秋雨连绵，江淮、江南一带偶有阴雨，但对中国人来说，那都是“局部地区”的事了。

冷空气侵入后引起显著降温，会使水稻减产，这一低温冷害现象多发生在“寒露”节气，故名寒露风（又叫社风）。在南方地区晚稻抽穗扬花的关键时期，如遇低温危害，就会造成空壳、瘪粒，导致减产。

寒露的物候是，一候鸿雁来宾，二候雀入大水为蛤，三候菊有黄华。此节气中鸿雁排成一字或人字形的队列大举南迁；深秋天寒，雀鸟都不见了，古人看到海边突然出现很多蛤蜊，并且贝壳的条纹及颜色与雀鸟很相似，所以便以为是雀鸟变成的；第三候“菊有黄华”是说在此时菊花已普遍开放。

在这三候中，鸿雁再度出现，后至者为宾，与白露期间的鸿雁南飞相比，此时相隔一个月之久，说明这是最后一批鸿雁了。我们在白露节气里说过古人对鸿雁寄托了美好的情思，鸿雁是二十四节气七十二物候中出现最多的物候，古人此时仍细心地留意鸿雁是否南来为宾，自己或前行者愿意尽地主之谊。

至于鸟雀入大海化为蛤蜊，这是飞物化为潜物，今人可以批评古人无知或迷信，但古人对物候的观察和用心并无错误。借古人在“伯乐相马”故事中的辩护，真正高明的相马者不关心马的皮毛外貌，而重在内在的精神。那么，古人对物候的观察出现“知识性的错误”并非因为他们无知，他们知道如何把握并记忆季候的本质。阳气十足的雀化为蛤，说明天地间的阴气重了。而草木皆因阳气开花，独有菊花因阴气而开花，菊有黄华，其色正应晚秋土旺之时。

物候在说明天地间的阴盛阳衰。而如果物候不应，最后一批大雁不飞来，那就说明民众有不驯服者；如果雀鸟不掉入海中变蛤蜊，那就说明季节会错乱；如果秋菊不开花，那就说明阴气不够，土地不能耕种。

由于寒露的到来，气候由热转寒，阳气渐退，阴气渐生，人体的生理活动也要适应自然界的变化，以确保体内的阴阳平衡。人们此时反而外出极多，活动极多。这是一种过度现象，似乎人类领悟到大自然的启示，在此享用一年最后的繁华，展现最后的力量，人的日常活动不免有小小的过度，以矫枉过正。

在大时间的划分中，寒露时节处在火山旅卦和雷山小过卦时期。旅卦的意义不言自明，此时是旅游的黄金季节。旅卦还有军旅之义，在悠久的中国农耕文化中，此时也是利用农闲去锻炼、检验体能的时期，此时也是农村械斗、地区或各利益团体的用兵时期，直到和平时代的今天，中国人仍有“秋季大练兵”的习惯。

小过卦则有多种意味，小过，既指自然界的雷电行不久远，又指人们旅游不会攀登顶峰，还指人们此时过小日子。用结绳、画卦来指示人的日常事务中，寒露前后的卦序排列为：咸卦、旅卦、小过卦、渐卦，等等。这表明农耕文化中此时最重要、最有新闻传播价值的大事，某家和某家的男女结婚了（咸），新婚小两口度蜜月去了（旅），他们建立小家过小日子了（小过），他们开始二人世界的各种积累了（渐）……中国的先哲对小过卦的观察是：“山上有雷，小过。君子以行过乎恭，丧过乎哀，用过乎俭。”山上有雷，这是小过，君子领悟这一精神，在日常生活的小事中会稍微过度，如行为会过于恭敬，遇到丧事时会过于哀痛，花销过于节俭，以矫枉过正。

当然，10月上旬的寒露节气在中国人的经验里更多地与外出活动有关，登高、观光，尤其登高几乎成为中国人最重要的习俗之一。寒露时节中，有一个节日，就是农历九月初九重阳节。“九”在易经中是阳数，九月初九正好是日月并阳、两九相重，所以又称“重阳”或者“重九”。九九之说，在中国文化中极有意义，九九归一，有归根到底之意；九九八十一，象征终极。物极必反，九是阳盛到极点，再往下便要回到一，九九重阳相逢在这样的意义上既是大吉又是大不吉，所以重阳节的风俗都是出于一个目的：避恶禳灾，如登高、插茱萸、吃重阳糕、饮菊花酒等。

《西京杂记》最早记录了重阳节。汉高祖宠妃戚夫人有位侍女贾佩兰，出宫后曾说起在宫中时，日常无事，四时乐事甚多，每逢九月九日便会“佩茱萸，食蓬饵，饮菊花酒，令人长寿”。“蓬饵”指的就是“重阳糕”，取“糕”与“高”谐音，有时候人们还会在糕上放置小鹿数枚，号为“食禄糕”。三国时期，魏文帝曹丕在《九日与钟繇书》中说：“岁往月来，忽复九月九日。九为阳数，而日月并应，俗嘉其名，以为宜于长久，故以享宴高会。”

梁朝吴均的《续齐谐记》则记载了重阳节的传说。东汉汝南的桓景，跟随道家高人费长房游学。有一天，费长房告诉他：“九月九日，你家有灾。让你的家人赶紧做些茱萸绛囊，绑在手臂上，登高饮菊花酒，可除此祸。”桓景就带着全家人避祸山中，后来回家，发现家中的鸡犬牛羊都死了。从此重阳登高避灾流传至今。王维有诗：“独在异乡为异客，每逢佳节倍思亲。遥知兄弟登高处，遍插茱萸少一人。”

而寒露时节“有黄华”的菊花也成为中国人重点关注的对象，菊花可算是少有的中国文化之花，与梅、兰、竹并称为“四君子”。菊花经历风霜，有顽强的生命力，高风亮节，在屈原、陶渊明等人的笔下，菊花成为一种人格象征。陶渊明的名句“采菊东篱下，悠然见南山”使菊花获得了“花中隐士”的封号。而屈原的生活，“朝饮木兰之坠露兮，夕餐秋菊之落英”，也使菊花成为一种高洁的人格象征。后来的中国人以白色的菊花作为逝者的人格，在追悼死者的场合用白色的菊花表达哀婉之情。

菊花给予中国人的感悟是多重的。菊花成为秋天的象征，9月又称菊月，菊花还象征长寿、长久。日本人对菊花也有感悟，在他们的文化中，菊花是诚实、贞洁的象征。中国人写菊花的名诗名篇之多，是少有的。如孟浩然：“待到重阳日，还来就菊花。”元稹：“不是花中偏爱菊，此花开尽更无花。”苏东坡：“荷尽已无擎雨盖，菊残犹有傲霜枝。”范成大：“世情儿女无高韵，只看重阳一日花。”菊花又称黄花，在中国人的经验里，重阳节后的菊花逐渐凋谢，成为过时或无意义之物。明日黄花即指重阳节后的菊花，有“过期”之义。苏东坡诗：“相逢不用忙归去，明日黄花蝶也愁。”张可久诗：“人老去西风白发，蝶愁来明日黄花。”

如此一来，在中国人的经验里，菊花还有烈士的象征，生命需要像菊花一样绽放自己的潜能，否则就会落伍，成为过时之物。在中国历史上有争议的农民起义领袖黄巢有名诗："待到秋来九月八，我花开后百花杀。冲天香阵透长安，满城尽带黄金甲。"农民起义，乃至现代革命，大概也是一种人类社会的矫枉过正。有名的黄花岗七十二烈士埋骨之地名为黄花岗，可谓死得其所。孙中山曾为之叹息："满清末造，革命党人历艰难险巇，以坚毅不挠之精神，与民贼相搏，踬踣者屡，死事之惨，以辛亥三月二十九日围攻两广督署之役为最。吾党菁华，付之一炬，其损失可谓大矣！然是役也，碧血横飞，浩气四塞，草木为之含悲，风云因而变色，全国久蛰之人心，乃大兴奋。怨愤所积，如怒涛排壑，不可遏抑，不半载而武昌之大革命以成！则斯役之价值，直可惊天地，泣鬼神，与武昌革命之役并寿。"

与菊花相比，寒露时节的红叶也是中国文化中的一景。黄栌、乌桕、丹枫、火炬、红叶李等树种，在此时都呈现红叶，观赏红叶也是中国人习俗。"看万山红遍，层林尽染。"杜牧有诗："远上寒山石径斜，白云生处有人家。停车坐爱枫林晚，霜叶红于二月花。"

公历 10月23日 — 10月24日　　豺乃祭兽，草木黄落，蛰虫咸俯。

霜降　　○ 君子以反身修德

老树印信

寒露之后，太阳在黄道上再运行15°，到达黄经210°时，即每年的10月23日或24日，天气更冷了，秋天要结束了。这个节气即为“霜降”。《月令七十二候集解》：“九月中，气肃而凝露结为霜矣。”《二十四节气解》中说：“气肃而霜降，阴始凝也。”可见“霜降”表示天气逐渐变冷，开始降霜。

在气象学上，秋天出现的第一次霜被称为“早霜”或“初霜”，春天出现的最后一次霜被称为“晚霜”或“终霜”。从终霜到初霜的间隔时期，就是无霜期。还有把早霜叫“菊花霜”的，因为此时菊花盛开。在此时开花的还有木芙蓉，苏东坡有诗：“千林扫作一番黄，只有芙蓉独自芳。唤作拒霜知未称，细思却是最宜霜。”

霜由水汽凝结而成。在秋天的夜晚，天上若无云彩，地面上散热很多，温度骤然下降到0℃以下，靠近地面的水汽就会凝结在溪边、桥间、树叶和泥土上，形成细微的冰针，有的成为六角形的霜花。霜的形成需要昼夜温差大，需要晴天。所以，人们说“浓霜猛太阳”。

“霜降始霜”只是指黄河流域的节气，霜期一般有两三个月。在纬度偏南的中国南方地区，霜降期间平均气温多在16℃左右，在华南南部河谷地带，要到隆冬时节，才能见霜。淮河、汉水以南，青藏高原东坡以东的广大地区，霜期不到两个月。北纬25°以南和四川盆地的全年霜日只有10天左右，福州以南及两广沿海平均年霜日不到一天，而西双版纳、海南和台湾南部及南海诸岛则没有霜降的地方。可见，夏虫不可语冰，南人不可语霜。但这个时序的变化仍为中国人记取了，蒲松龄曾说：“鸿飞霜降，不知几度，云树之思，无日忘之。”

冻则有霜，农民因此习惯称为霜冻。“霜降杀百草”，严霜打过的植物，没有了生机。“风刀霜剑严相逼”，说明霜是无情的、残酷的。但这其实是误解。霜和霜冻形影相连，但危害植物的是“冻”不是“霜”。有些经霜的蔬菜长势更好，更美味，如菠菜、冬瓜，吃起来味道特别鲜美，而霜打过的水果，如葡萄则更为甜冽。因此严格讲，霜只是天冷的表现，冻才是生物之害。

农谚说，“霜降见霜，米谷满仓”。中国北方地区在秋收扫尾，即使耐寒的葱，也不能再长了，“霜降不起葱，越长越要空”。在南方，则是“三秋”大忙季节，杂交稻、晚稻在收割，种早茬麦，栽早茬油菜；摘棉花，拔除棉秸，耕翻整地。“满地秸秆拔个尽，来年少生虫和病。”农谚说，“霜降到，无老少”，意思是此时田里的庄稼不论成熟与否，都可以收割了。

在传统中国，霜降日有一种鲜为人知的风俗。在这一天，各地的教场演武厅例有隆重的收兵仪式。按古俗，每年立春为开兵之日，霜降是收兵之期，所以霜降前夕，府、县的总兵和武官们都要全副武装，身穿盔甲，手持刀枪弓箭，举行收兵仪式，以期祓除不祥、天下太平。霜降日的五更清晨，武官们会集庙中，行三跪九叩首的大礼。礼毕，列队齐放空枪三响，然后再试火炮、打枪，谓之“打霜降”。据说打霜降后，司霜的神灵就不敢随便下霜危害本地的农作物了。

霜降的习俗还有吃柿子一说，“霜降不摘柿，硬柿变软柿”。霜降时节要吃红柿子，据说这样不但可以御寒保暖，同时还能补筋骨。还有对于霜降吃柿子的说法是：霜降吃丁柿，不会流鼻涕。也有对于这个习俗的解释是：霜降这天要吃柿子，不然整个冬天嘴唇都会裂开。住在农村的人们到了这个时候，则会爬上柿子树，摘几个光鲜香甜的柿子吃。其实，习俗之谓除了地缘，也与时令有关。大自然开结的果实，自然宜于当时的身体需要。反季节的食物瓜果虽然有口味上的新鲜，但终究不如当令的果实宜人。

霜降时节，也是人们登山、观赏秋天红叶的最后时节。

枫树、黄栌等树木经霜后，开始变成红黄色，此时的世界，漫山遍野，如火似锦，非常壮观。虽然霜降时节的大地不免萧条，静穆而空茫，但万物仍在进行最后的演出。深秋的世界，似乎更多属于昆虫们。我们可以想到并去观察，孔雀蓝的金龟子，翡翠绿的纺织娘，黑得发亮的金钟，棕褐色的蟋蟀，石榴红的豆娘，它们摇动触须，震颤翅膀……毛泽东有名篇说："看万山红遍，层林尽染；漫江碧透，百舸争流。鹰击长空，鱼翔浅底，万类霜天竞自由。怅寥廓，问苍茫大地，谁主沉浮？"

霜降的物候是，一候豺乃祭兽，豺这类动物从霜降开始要为过冬储备食物，人们看到豺狼将捕获的猎物先陈列后再食用，解释说就像是以兽祭天而报本。二候草木黄落，大地上的树叶枯黄掉落。范仲淹有诗："碧云天，黄叶地，秋色连波，波上寒烟翠；山映斜阳天接水，芳草无情，更在斜阳外。"三候蛰虫咸俯，蛰虫也全在洞中不动不食，垂下头来进入冬眠状态，就像修行人的沉思或入定。可见，天道、地道在此时要求人们的不是去"搅得周天寒彻"，而是需要人们体悟自身的修行或尊严。

现代人对豺没什么印象，但在古人那里，这种战斗力比狼还强的动物是不可小觑的。李时珍说："豺能胜其类，又知祭兽，可谓才矣。"豺，柴也，俗名"骨瘦如柴（豺）"

是矣。豺的形象就是如此聪明的、瘦削的。豺狼虎豹，豺名第一，可见其凶狠。豺在物候中出现，说明豺在传统农耕文化环境中的地位。在一些山区，由于野猪、猪獾和狗獾等危害玉米作物，豺对它们的攻击猎杀，无意中帮助农民控制了野兽对作物的危害，豺也因此被视为神豺。

但在古人的附会理解里，霜降期间，如果豺不捕猎祭兽，就说明武士们将无所作为；如果草木不枯黄落叶，则说明天地间的阳气有差错；如果该冬眠的动物不蛰伏，就意味着老百姓会四处流浪。总之，霜降节气，天地自有安排，如有不应物候，说明上干天和，下招地怨。

郑板桥有名句："删繁就简三秋树。"这删繁就简的手，就是霜降。大自然删繁就简，也是启示人们需要做减法、注意休养生息。作家耿立记他父亲的话说："泥土也该躺倒睡一会儿，谁不累呢？泥土也要歇息一下筋骨。与泥土厮守的人要讲良心，让泥土安静地睡一觉，不要打搅。"泥土睡觉正是在霜降之后，耿立写道："泥土睡觉的时候，连故乡的狗也会噤声。有时土地有了鼾声，那雪就会覆盖下来，鼾声就成了白色。"

在大时间序列中，霜降节气在水山蹇卦期间。"山上有水，蹇；君子以反身修德。"山上有水，这是蹇卦之象，君子体察此象，悟行道之不易，从而反求诸己，修养德行。

“蹇”字本身就是寒水卦与艮山卦（即“足”）结合而成的汉字，它有寸步难行之意。人们对霜降期间身体状况的观察，确实发现在此节气需要注意保护膝盖、腿脚。尤其要保护好膝关节，不可运动过量。膝关节在遇到寒冷刺激时，血管收缩，血液循环变差，往往使疼痛加重。有意思的是，世界骨质疏松日（10 月 20 日）在霜降前三天。不同的时间会有不同的病理，霜降之名也易让人联系到腿脚关节。民间对此也有总结，“一年补透透，不如补霜降”。而骨质疏松与缺钙之间的联系似乎成为常识，引申开来，人们站不直，不能挺胸昂首地生活，不能做一个堂堂正正的人，需要补钙，需要反省修身，需要有肝胆血性。

中国人确实在霜降节气里省悟出不少道理，《诗经》中的“霜”还是变易和情感抒发的对象：“蒹葭苍苍，白露为霜。所谓伊人，在水一方。”《易经》中的“霜”则已经与深刻的哲理相连了，“履霜坚冰至”。一旦踏上薄霜，结冰的日子也就不远了。

霜降给予人的启示是深远的。秋天就要结束了，人们多在此时伐木，发现了树的年轮。在西方，据说达·芬奇第一次提出树的年轮每年增加一圈。有了年轮，木材上才出现了纹理。有了若干纹理，树才生长得足够坚强。年轮不仅说明树木本身的年龄，还能说明每年的降水量和温度变化。年轮还能记录森林大火、早期霜冻以及从周围环境中吸取的化学成分。树的年轮可以告诉我们以前发生过的事情，还可以告诉我们有关未来的事情。人们从这些大自然中得到教益，其中最重要的就是因果律。宋美龄说："说实在的，圣人与罪人皆会受到阳光的披泽，而且常常似乎是恶行者大行其道。但是我们可以确信地说，不管是对个人还是对国家而言，恶人猖獗只是一种幻象，因为生命无时无刻不将我们的所作所为像账一样一笔一笔记录下来。"古典中国的先哲更是感叹："积善之家，必有余庆；积不善之家，必有余殃。臣弑其君，子弑其父，非一朝一夕之故，其所由来者渐矣。"

因此，在深秋霜降时节，人们需要反身修德，以防微杜渐，积贤德而移风善俗。霜降最重要的启示就是要注重积累。不以善小而不为，不以恶小而为之。哲学家、政治理论家汉娜·阿伦特最著名的原创思想之一是提出"平庸的恶"的概念，"平庸的恶足以毁掉整个世界"。她说："恶一向都是激进的，但从来不是极端的，它没有深度，也没有魔力。它可能毁灭整个世界，恰恰由于它就像一棵毒菌，在表面繁生。只有善才总是深刻而极端的。"

公历 11月7日 — 11月8日　　水始冰，地始冻，雉入大水为蜃。

立冬　　○ 君子以俭德避难

老树印信

太阳走到黄经的某一刻度就会发生春夏秋冬和二十四节气的变化，太阳与地球互动关系的冷暖，也影响到人情、世态。立冬是四时八节的大八节之一，一般时间在阳历 11 月 7 日至 8 日之间，即太阳位于黄经 225° 时。这是有特殊意义的时间。

冬的本义是终结，是先民系绳记事的绳结。会针线活儿的人在线两端都打上结，即是冬的形象。但它后来被借用，指一年的最后一个季节。《说文解字》："冬，四时尽也。"冬因此特指一年之中第四季的三个月。人们说，"冬"字从夂（音、义同"终"），从二"丶"。"夂"意为"终止""到头""到顶"。"丶"意为"入主""进驻"。两个"丶"及"夂"各代表冬季的一个月。自下而上三部分笔画分别代表太阳进驻冬季第一月（意为阳光所能照进室内的一点），进驻冬季第二月（阳光所能照进的更靠里边的位置），以及冬季的终止月即第三月（阳光所能照进的最里位置）。在传统农耕社会的冬季农闲时节，阳光最受关注，与屋檐阴影一样，是人们计时度日的工具（"冬"字的篆体即体现阳光照射地面面积的情形）。

《月令七十二候集解》里说："冬，终也，万物收藏也。"秋季作物全部收晒完毕，收藏入库，动物也已准备冬眠。立冬表示冬季开始，万物收藏，规避寒冷。《诗经》里就有"七月流火，九月授衣"的名句。《礼记·月令》说立冬之际，"是月也，天子始裘"。天子以穿冬衣的仪式，昭告庶民：冬天已经来临。《吕氏春秋·孟冬》："是月也，以立冬。先立冬三日，太史谒之天子，曰：'某日立冬，盛德在水。'天子乃斋。立冬之日，天子亲率三公九卿大夫以迎冬于北郊。还，乃赏死事，恤孤寡。"

天文学上也把"立冬"作为冬季的开始，按照气候学划分，我国要推迟20天左右才入冬。我国地区差异之大在立冬节气上也有表现：北方大地已是风干物燥、万物凋零、寒气逼人；而华南仍是青山绿水、鸟语花香、温暖宜人；华北地区出现初雪了，雨、雪、雨夹雪、霰、冰粒等都能见着，南方还是艳阳高照，最北的地带跟最南端的温差可达30℃～50℃之多。

立冬意味着冬天的开始，冷空气开始在大地上肆虐。立冬期间的冷空气，不是把山区的红叶一扫而光，就是把城里的树也吹成光杆，让人们有一种一下子进入冬天的感觉。人文领域的节日"光棍节"即在立冬后三四天。立冬，意味着阴阳不交、天地不通、上下不通，北半球获得太阳的辐射量更加少了，虽然大地贮存的热量还没有完全消耗掉，此时还不会太冷，但气温已经逐渐下降。

立冬的大地，草木凋零，蛰虫休眠，万物活动趋向休止。传统文化中有立冬补冬的习俗。在寒冷的天气，人们多吃一些温热补益的食物，不仅能使身体更强壮，还可以起到很好的御寒作用。立冬时节的营养以增加热能为主，古训有“秋冬养阴，无扰乎阳”，“虚者补之，寒者温之”之说。元代忽思慧的《饮膳正要》说：“冬气寒，宜食黍以热性治其寒。”民间也有“三九补一冬，来年无病痛”，“冬令进补，开春打虎”，“立冬补冬，补嘴空”等说法。

有意思的是，尽管冬天如此重要，但在先秦中国语汇里，“冬”字很少出现在王公贵族的语境里。在王公大人那里，“春”“秋”，乃至“夏”字是较为普遍的。“冬”字似乎属于平民大众。《诗经》中的冬天是民间的：“雨雪瀌瀌，见晛曰消。”“北风其凉，雨雪其雱。”“昔我往矣，杨柳依依；今我来思，雨雪霏霏。”“二之日凿冰冲冲，三之日纳于凌阴。四之日其蚤，献羔祭韭。”“我有旨蓄，亦以御冬。”……千载以下，我们读这些诗句，仍不免脊背生凉，但又能感受到民众在冬天热烈健旺的生命力。

立冬三候：一候水始冰，二候地始冻，三候雉入大水为蜃。此节气水已经能结成冰；土地也开始冻结；“雉入大水为蜃”中的雉即指野鸡一类的大鸟，蜃为大蛤，立冬后，野鸡一类的大鸟便不多见了，海边却可以看到外壳与野鸡的线条及颜色相似的大蛤，所以古人认为雉到立冬后便变成大蛤了。

这三类物候中，冰在古人心中有特殊的意义。从对冰的无可奈何到能利用冰，有着漫长的历史。中国人有着世界上最早的关于结冰、封冻和解冻的文字记录：“孟冬之月，水始冰，地始冻。仲冬之月，冰益壮，地始坼。季冬之月，冰方盛，水泽腹坚，命取冰，冰以入。孟春之月，东风解冻，蛰虫始振，鱼上冰。”人们在对冰的观察中还把冰作为清洁、纯净的象征，汉语成语有“玉洁冰清”“冰魂素魄”“冰肌玉骨”等。冰的出现，意味着离天寒地冻不远。季节冻土可以杀死有害的病虫菌，对农业生产有一定的益处。野鸡飞入大海变成了大蛤，这跟鸟雀飞入水里变蛤是一样的现象，不过其中仍有差别，即人们对天气的感受从阴气加重到寒气出现。对古人来说，如果立冬时的水面不开始结冰，就表明阴气不足；如果地面不开始封冻，那就是灾祸的征兆；如果野鸡没有消失，大蛤没有出现，社会上就会出现很多淫荡的女人。这些如果中，大概最后一个如果是最无厘头的。

在把人群分为大小上下二元的中国文化里，先哲把冬天划属给下层民众。掌握了话语权的哲人说，立冬意味着“大往小来”。强大者离开了，弱小者的日子来临了。冬天的淫威使强者、专制者不再能对民众为所欲为，他们袖手取暖之际，也给了民众自处的自在。但哲人对立冬的这类现象是否定的，在哲人看来，立冬意味天上的阳能难以到达地上，天地不交，闭塞不通，立冬意味着“天地闭，贤人隐”，意味着君子大人退场，小人们上场。先哲以为，在立冬这样的自然律令面前，人间也要注意收藏、低调，不能招摇，“君子以俭德辟难”。

在大时间序列里，立冬正好是在否卦时空。哲人以为这是天地不言的时候，是小人们自行其是、“痞气”外露的时候。不仅如此，除了否卦时空，立冬还有萃卦、晋卦时空。萃卦时空即是大自然的生物、人类社会的民众抱团取暖萃取之象。晋卦则是问候之象，在晋卦时空，人们相互间嘘寒问暖，此时最重要的是家家户户要有取暖的设施，不用说，民众自行解决取暖时，王朝时代的官场正在流行送取“炭敬”，即今天的“取暖费”。直到今天，11 月中旬的晋卦时空仍是地方政府向居民保障供暖的最后时限。有意思的是，世界问候日（11 月 21 日）在立冬节气期间，问候，晋见，问寒问暖，人文跟天文在此有着奇妙的印证。

但传统中国的王权仍察觉到了立冬的危险，他们不能放任民众，使其放任自流，或像在“萃卦时空”的民众处于“群众聚集围观型”的“乌合之众”状态。他们要用祭祀、庆祝一类的活动来运动民众，我们从“十月朔”“秦岁首”“寒衣节”“丰收节”等习俗活动中可以看到，立冬本是天地不交、精英民众上下难沟通的状态，却有了这么多的节庆依据。史书记载，汉魏时期，在立冬日，天子率三公九卿到北郊举行迎冬礼，礼毕返回，要奖赏为国捐躯者，并抚恤他们的妻子儿女。这一习俗在现代仍延续下来，每年冬天，政府都会派人向军属、烈属问寒问暖，“送寒衣”。

除此之外，王朝统治者也会在冬天动员民众“兴修水利”，统治者要“不违农时”，只有在冬天农闲季节劝农修水利。从都江堰、郑国渠开始，几乎每一朝代都有大型水利工程，秦国的灵渠和江南运河，汉代的白渠、龙首渠，隋唐的大运河，元朝的通惠河……除非特别残暴的统治者，我们可以想见水利工地上万民劳动的场景都在冬天，重视水利工程和修缮都江堰的诸葛亮曾经指出，“以此堰农本，国之所资”。

在传统中国，立冬也意味着平时上不起学的孩子有了进“冬学堂”的机会。穷人的孩子早当家，他需要为家里分忧，春耕秋收，都需要他帮忙，到农闲时节，孩子就可以进学堂认字，脱离“睁眼瞎”的苦海。从立冬开始，到腊月十五结束，三四个月的时间，就算是毕业了。跟秀才一类的读书人虽然有本质区别，但斗大的字能认一两箩筐，也就能够立身处世了。这一教育类似于今天的“扫盲班”。我们可以想见，中国民间大雅大俗的文艺创作，多半就出自这些“冬学堂”的学员。

对敏感的诗人来说，立冬是值得观察、沉思的。有意思的是，跟现代文人在立冬面前几乎交下的白卷相比，古人的感悟太丰富了。宋人方回有诗：“立冬犹十日，衣亦未装绵。半夜风翻屋，侵晨雪满船。非时良可怪，吾老最堪怜。通袖藏酸指，凭栏耸冻肩。枯肠忽萧索，残菊尚鲜妍。贫苦无衾者，应多疾病缠。”陆游有诗：“室小财容膝，墙低仅及肩。方过授衣月，又遇始裘天。寸积篝炉炭，铢称布被绵。平生师陋巷，随处一欣然。”明人王稚登有诗：“秋风吹尽旧庭柯，黄叶丹枫客里过。一点禅灯半轮月，今宵寒较昨宵多。”

宋人仇远在立冬日写诗：“细雨生寒未有霜，庭前木叶半青黄。小春此去无多日，何处梅花一绽香。”这跟英国诗人雪莱的名言可相参证：“如果冬天来了，春天还会远吗？”当然，现代中国的大诗人穆旦也贡献了他的杰作：

> 我爱在淡淡的太阳短命的日子，
> 临窗把喜爱的工作静静做完；
> 才到下午四点，便又冷又昏黄，
> 我将用一杯酒灌溉我的心田。
> 多么快，人生已到严酷的冬天。

公历 11月22日 — 11月23日

虹藏不见，天气上升，
地气下降，闭塞而成冬。

小雪

○ 君子以自昭明德

老树印信

每年的11月22日或23日，太阳会顺利抵达黄经240°。此时的太阳对北半球的照射时间更短了，北京地区的白昼时间只有9个多小时。这个节气称为小雪。《月令七十二候集解》曰："十月中，雨下而为寒气所薄，故凝而为雪。小者未盛之辞。""小雪"是反映天气现象的节令。《群芳谱》说："小雪气寒而将雪矣，地寒未甚而雪未大也。"

小雪节气是气候概念，天气预报中的小雪则指降雪强度较小的雪。雪是寒冷天气的产物。气象学上把下雪时水平能见距离等于或大于1000米、地面积雪深度在3厘米以下、24小时降雪量在0.1 ~ 2.4毫米之间的降雪称为"小雪"。

小雪时节，望文生义，表示降雪开始的时间和程度。小雪意味着气温持续走低，不仅地面上的露珠变成了霜，而且天空中的降雨也变成了雪花。一年里的降水状态至此由雨变成雪，当然由于此时的天气不算太冷，下的雪常常是半冰半融状态，或落到地面后立即融化了，气象学上称之为"湿雪"；有时雨雪同降，叫作"雨夹雪"；有时降如同米粒一样大小的白色冰粒，称为“米雪”。小雪与雨水、谷雨等节气一样，是反映降水多少的节气。由雨而雪，是表征降水相态变化的节气。自此，物候特征的关键字是“封”。小雪封地，大雪封山、封河。

在小雪节气里，北风成为中国内地的常客，气温逐渐降到0℃以下，但大地仍积有热能，尚未全然寒冷下来。中国北方地区以下雪为主，不再下雨了，雨虹也就看不见了。紧接着立冬节气的阴阳相背，阳气上升，阴气下降，天地不通，阴阳不交，万物失去生机，天地闭塞而转入严寒的冬天。

小雪节气的三候：一候虹藏不见，二候天气上升，地气下降，三候闭塞而成冬。虹是大气中一种光的现象，是大气中的小水球经日光照射发生折射和反射作用而形成的彩色圆弧，由外圈到内圈呈红、橙、黄、绿、蓝、靛、紫七种颜色。流行歌曲唱：“不经历风雨，怎能见彩虹？”彩虹的出现意味着晴天朗日。在东西方文化里，虹有多种象征意义，为龙为蛇，为桥为弓，为阴阳为男女欢爱。在《圣经》里，上帝通过彩虹让诺亚知道大洪水已经结束；在日本神话里，彩虹是连接天上人间的桥梁；在中国的商代，虹一度被认为是农业生产中的“旱神”，虹的俗名是“龙吸水”，民间有担心虹把当地的水吸完，敲打锅碗吓走虹的举动。

在传统文化里，虹的出现也有吉凶之兆，白虹贯日更预兆国家将有兵乱。史书记载说："聂政之刺韩傀也，白虹贯日。""昔者荆轲慕燕丹之义，白虹贯日。"这些史实和象征还引发了近代日本最大的直言贾祸事件。1918年，日本出兵苏俄，遭到民间反对，政府不准报界发表反对出兵的言论。《大阪朝日新闻》报道说："餐桌旁的与会代表食不甘味。自以金瓯无损自诩的我大日本帝国，正面临可怕的最后审判。默默就餐者的脑际闪电般浮现出白虹贯日的不祥之兆。"当局认为"日"即指"天子"，此语犯有不敬罪和"紊乱朝宪"罪，对《大阪朝日新闻》进行最严厉的惩处，日本新闻界的自由主义色彩丧失殆尽，报业也很快转入"战时体制"。

虹在小雪节气里藏匿不见，正说明天地间此时阴盛阳伏。古人感受物候，把天气、地气也作为重要的现象列出，说明此时天地不交不通。万物气息飘移，生长几近停止，以至闭塞成冬。先民认为，如果此时彩虹不隐藏，就会出现妻子不忠于丈夫之事；如果阳气不升天，阴气不落地，那么君臣间就有相互憎恨之心；如果天地不闭塞成冬，社会上就会出现淫乱放荡的现象。这种环境变异导致心态、世态失序的现象并不奇怪，现代社会利用能源的技术高于古人，在冬天生活感受不到天地闭塞，感受不到身心需要"负阴而抱阳"，甚至恣意妄为，戕害身心。一如年轻人对"宅民"

生活的描述，“三观尽毁，节操碎了一地”。在这个意义上，我们说古人对物候的观察虽然附会，却也虽不中亦不远矣。

由此可见，人文世界需要天地自然世界的点拨、提醒，在提而不醒的时候，只有水深火热，只有天寒地冻、冰天雪地一类的极端天气才能教训。小雪节气就是一个提醒人们是否有节操、是否有明德的节气。

在小雪节气里，西伯利亚地区常有的低压环流会东移南下，大规模的冷空气使中国东部地区出现大范围大风降温天气。可以说，这是寒潮和强冷空气活动频数较高的节气，强冷空气影响时，常伴有入冬第一次降雪。“忽如一夜春风来，千树万树梨花开。”小雪节气跟黄河中下游的初雪期较为一致，华北地区此时会出现初雪，虽然夜冻昼化，雪量较小，但足以提醒人们御寒保暖。而南方地区才开始陆续进入冬季。“荷尽已无擎雨盖，菊残犹有傲霜枝。”在长江一带只能看见这类初冬景象。虽然在冬天偶尔能见到天空中“纷纷扬扬”，却难以看到地上的“碎琼乱玉”，更难欣赏到玉树琼枝的冰雪世界。

小雪是二十四节气中较常为人们念叨的，这是一个较有人缘的节气，不少中国人的人名或小名叫小雪。但人类生活的规律现象是，此时起居面对着屋内燥热、屋外寒冷的状态，人们也是尽量穿得严严实实，物象对应着生命或身体表征，也是外冷内燥，一旦失衡，内热散不出来，就易上火。故医疗卫生专家会提醒人们此时要注意不吃麻辣食品，免得助长体内之火。药王孙思邈曾说，小雪时节，“宜减辛苦”，即应当少食辛、苦之味。从饮食到日常活动，人们在此时都应该减少一点辛苦。

小雪时的天气多阴冷晦暗、光照较少，人们的心情会受影响，容易引发或加重抑郁症。因此专家提醒人们此时要学会在光照少的日子里调养自己。古人也以“负暄”（晒太阳）为意趣。白居易《负冬日》：“杲杲冬日出，照我屋南隅。负暄闭目坐，和气生肌肤。初似饮醇醪，又如蛰者苏。外融百骸畅，中适一念无。旷然忘所在，心与虚空俱。”

但“负暄”一语其实是底层民众的辛酸写照。先秦典籍《列子》一书中记载说，宋国有一个农夫，只能披着破麻烂絮，勉强熬过冬天。到了春天他到村东去干活，自己在太阳底下晒得暖暖和和。他从来没有想过世界上还有什么高楼大厦、锦衣玉袍。他跟妻子商量说：“背晒太阳的温暖，还没有人知道啊。我们把这一招奉献给咱们的君王，一定会得到重赏！”对抑郁症患者或王侯们来说，“负暄”“野人献曝”并非一个无知者的笑话，而恰恰是生命力强健的表征。

在大时间序列里，小雪节气的阴阳卦序为火地晋卦，即离火并非在坤地之下，而是明出地上。在严寒的日子里，生命仍努力表达自我，人类仍表现出健旺的生命力，“君子自昭明德”。人类及其个体应该表露自性的光明品德，不向严冬屈服。“国际残疾人日”在小雪期间，其意义也是深远的，在冰雪世界，我们能否建立起一个“人人共享”的社会？

对农民来说，下雪是好兆头。“瑞雪兆丰年。”农谚说：“小雪雪满天，来年必丰年。”专家解释说，这至少有三层意思，一是小雪落雪，来年雨水均匀，无大旱涝；二是下雪可冻死一些病菌和害虫，来年减轻病虫害的发生；三是积雪有保暖作用，利于土壤的有机物分解，增强土壤肥力。

农民总结小雪的谚语或民谣还有“小雪不见雪，来年长工歇；小雪雪漫天，来年必丰产”，“立冬小雪，抓紧冬耕。结合复播，增加收成。土地深翻，加厚土层。压砂换土，冻死害虫”，“到了小雪节，果树快剪截”，“小雪虽冷窝能开，家有树苗尽管栽”。可以说，看见下雪，农民对来年的生产就有了一定的把握。当然，农民生活的幽默也在其中，“小雪到，睡懒觉”，“小雪小雪，暖暖被窝”，“小雪小雪，拾把柴火”，“到了小雪，没了农活”，“小雪到了天气冷，晒晒太阳猫猫冬”。

中国北方的农民对小雪的感受还会跟一种蔬菜联系在一起。“小雪飘飘来，忙着贮白菜”，“立冬萝卜小雪菜（白菜）”，“小雪到了出白菜，不出难防受冻害”，“小雪来，出白菜”……白菜在北方人的生活中一度占据重要位置。社会学家观察说，在四十多年前，白菜是北方家庭饭桌上的“当家菜”，立冬过后，市民们的第一大事就是排队买白菜，一买就是千八百斤。“文革”年代，白菜是“政治菜”，村里的大白菜严禁私自外流，城乡商店里的大白菜按质量分为三级，买一级大白菜要“走后门”。二十多年前，政府仍计划着白菜的生产和销售，时而会出现白菜荒，需要紧急从外地调运白菜；时而输入的白菜过多，造成滞销，成吨的大白菜在菜市场外烂作一座山，到处弥漫着一股白菜发酵以后的腐败加酒精味，宣传部门就会号召单位和居民多购买，买得越多越爱国，大白菜一时称为“爱国菜”。

在这类实用功利主义的生活之外，小雪也给了我们美的享受。唐人徐铉的诗说：“征西府里日西斜，独试新炉自煮茶。篱菊尽来低覆水，塞鸿飞去远连霞。寂寥小雪闲中过，斑驳轻霜鬓上加。算得流年无奈处，莫将诗句祝苍华。”戴叔伦有诗：“花雪随风不厌看，更多还肯失林峦。愁人正在书窗下，一片飞来一片寒。”李咸用有诗：“散漫阴风里，天涯不可收。压松犹未得，扑石暂能留。阁静萦吟思，途长拂旅愁。崆峒山北面，早想玉成丘。”

鲁迅很少写景，他写景也有硬汉气，但他有一篇《雪》，开头深得小雪“自昭明德”之义：“暖国的雨，向来没有变过冰冷的坚硬的灿烂的雪花。博识的人们觉得他单调，他自己也以为不幸否耶？江南的雪，可是滋润美艳之至了；那是还在隐约着的青春的消息，是极壮健的处子的皮肤。雪野中有血红的宝珠山茶，白中隐青的单瓣梅花，深黄的磬口的蜡梅花；雪下面还有冷绿的杂草。”

鲁迅还比较了北方的雪：“朔方的雪花在纷飞之后，却永远如粉，如沙，他们决不粘连，撒在屋上，地上，枯草上，就是这样。屋上的雪是早已就有消化了的，因为屋里居人的火的温热。别的，在晴天之下，旋风忽来，便蓬勃地奋飞，在日光中灿灿地生光，如包藏火焰的大雾，旋转而且升腾，弥漫太空，使太空旋转而且升腾地闪烁。

“在无边的旷野上，在凛冽的天宇下，闪闪地旋转升腾着的是雨的精魂……是的，那是孤独的雪，是死掉的雨，是雨的精魂。”

公历 12月6日—12月8日　　　　鹖旦不鸣，虎始交，荔挺出。

大雪　　　　○ 君子以寒江独钓

老树印信

当太阳到达黄经 255° 的时候，即每年的 12 月 7 日前后，冬天的第三个节气来临了。《月令七十二候集解》：“大雪，十一月节……至此而雪盛矣。”大雪，顾名思义，雪量大，天气更冷了。大雪节气表示降大雪的起始时间和雪量程度，它和小雪、雨水、谷雨等节气一样，都是直接反映降水的节气。

从天文，到大地景观，再到人文，大雪节气的意蕴极为丰富。大雪，像白天鹅，像棉花，像白蝴蝶，像竹席，像精灵，像隐士，像公主，像天使，像白色的帐篷，像梅花，像婴儿……大雪给人类的精神和物质世界提供丰厚的资粮。中国人为此把雪跟祥瑞和预兆相联系，“瑞雪兆丰年”。鹅毛般的大雪漫天飞舞，像玉一样清，像银一样白，像烟一样轻，像柳絮一样柔，纷纷扬扬地从彤云密布的天空中向下飘散。树木、房屋都是银装素裹，厚厚的白雪把整个大地盖得严严实实。对乡土世界来说，大雪覆盖大地，使地面温度不会因寒流侵袭而降得很低，给生物创造了良好的越冬环境。积雪融化时又增加了土壤水分含量，供生物春季生长的需要。雪水中氮化物的含量是普通雨水的五倍，有一定的肥田作用。农谚说，“今年麦盖三层被，来年枕着馒头睡”。

大雪的预兆性是多方面的，寒、暖、风、雪等异常天气都可预知未来的状况。农民为此总结了许多谚语，“大雪不冻倒春寒，大雪不寒明年旱”，“大雪不冻，惊蛰不开”，说明大雪节气不冷时的后果。“大雪晴天，立春雪多”，这是说明大雪无雪时的后果。“寒风迎大雪，三九天气暖”，这是说大雪时寒风出现的后果。当然，大雪节气是否下雪更是一个重要的兆头，“大雪兆丰年，无雪要遭殃”，“今年的雪水大，明年的麦子好”，“今冬大雪飘，来年收成好”，“今冬雪不断，明年吃白面”，“雪盖山头一半，麦子多打一石”。

大雪时节，中国内地大部分地区已进入冬季，最低温度都降到了 0℃或以下。在强冷空气前沿冷暖空气交锋的地区，会降大雪，甚至暴雪。此时，黄河流域一带已渐有积雪，而在更北的地方，则是大雪纷飞了。在南方，特别是广州及珠三角一带，却依然草木葱茏，与北方的气候相差很大。南方地区冬季气候温和而少雨雪，却多雾，一般 12 月是雾日最多的月份。雾通常出现在夜间无云或少云的清晨，气象学称之为辐射雾。“十雾九晴”，雾多在午前消散，午后的阳光会显得格外温暖。

大雪节气最常见的就是降温。据统计，中国内地强冷空气最多的月份是在11月，强冷空气过后，北方大部分地区12月份的平均温度约在 –35℃ ~ –20℃之间，南方也会出现霜冻。强冷空气往往能够带来降雪或暴雪，降雪的益处很多，有利于缓解冬旱，冻死农田病虫害，但如大雪封山、封路，降雪路滑，化雪成冰，等等，会造成交通困难、交通事故和车道拥堵，有些地方对牧区草原（称为白灾）的人畜安全会造成威胁。

跟中国内地相比，其他北半球的情况有所不同，如北美洲的冬季气候为西风带控制，西风带形成了很长的高空急流，在美国形成了冷暖气团对峙的局面，由此带来的降雪远比中国的大雪暴烈。在中国积雪20厘米的情况就算暴雪了，但在美国是家常便饭。这也是大雪在中国人的语境里很少有暴戾的成分，而在英语里有过度的、反感的意思。

大雪节气对人体也会产生十分重大的影响：血压、气管、肠胃等方面都因为天气寒冷而有所变化，这时，预防中风、心脏病、消化道溃疡，增强免疫力等就变得十分必要。养生方面，人们就需要多喝水、食温补、多吃苦、常喝粥，在起居上要注意保暖、早睡晚起、常通风、室内保湿。

中国人将大雪分为三候：一候鹖旦不鸣，二候虎始交，三候荔挺出。因天气寒冷，寒号鸟不再鸣叫了；此时阴气最盛，盛极而衰，阳气有所萌动，老虎开始有求偶行为；“荔”为马蔺草，即马兰花，据说也因感受到阳气的萌动而抽出新芽。

关于寒号鸟，陶宗仪在《南村辍耕录》中说：“五台山有鸟，名寒号虫。四足，有肉翅，不能飞，其粪即五灵脂。当盛暑时，文采绚烂，乃自鸣曰：‘凤凰不如我。’比至深冬严寒之际，毛羽脱落，索然如鷇雏，遂自鸣曰：‘得过且过。’”民间还传说，这种鸟在冬天冻得发抖，以致不再唱歌而活活冻死，人们以此传说来教育人启迪人。鹖鴠究竟是什么鸟？古人说，这是一种“夜鸣求旦之鸟”，因其夏月毛盛，冬月裸体，昼夜鸣叫，所以又称“寒号”。“大雪之日，鹖鴠不鸣”，是因为冬至日近，这种鸟感知到了阴寒至极而不鸣。

实际上，现代科学证实寒号鸟其实是一种啮齿类动物，学名“复齿鼯鼠”，性情孤僻，喜安静，昼伏夜出。古人虽也知道寒号鸟的习性，但更多把寒号鸟当作某种寄托或象征。如龚自珍说：“俄焉寂然，灯烛无光，不闻余言，但闻鼾声，夜之漫漫，鹖旦不鸣，则山中之民，有大音声起，天地为之钟鼓，神人为之波涛矣。”这是冬夜万人沉睡我独醒，于无声处待惊雷的情怀。

第二候，今天人们以为珍稀动物的老虎进入古人的视野，老虎在此时开始交配，是在至阴中感受到微阳。虎的发情交配期一般在 11 月至翌年 2 月，虎在发情时的叫声特别响亮，能达两千米远，这大概是猫科动物中叫春叫得最早、最响亮的动物了。

自古以来，虎就被用于象征军人的勇敢和坚强，如虎将、虎臣、虎士等。古代调兵遣将的兵符就用黄金或铜刻成老虎形状，称为虎符。中国的虎文化源远流长，在文字、语言、诗歌、文学、雕塑、绘画、小说、戏曲、民俗，以及更为广泛的民间传说、神话、故事、儿歌等传统文化的各个领域中，虎的形象无所不在。关于虎的成语就有上百个之多，如三人成虎、虎头虎脑、谈虎色变、如虎添翼、放虎归山、龙争虎斗、虎视眈眈、与虎谋皮等。虎是孤独的，是专注的，是悲壮的。人们说它搏物不过三跃，不中则舍之；说它伤重后，咆哮而去，吼一声为一里，听其声多少便知远近；说它靠岩倚木而死，绝不僵仆在地。虎是十二生肖之一，是道教的守护神，是二十八星宿中的西方七宿，又是四方神之一，即“前朱雀，后玄武，左青龙，右白虎”，可谓护卫了中国文化。虎的全身都是宝，但如此一来，在现代人欲横流的世界，对老虎的围猎使之成为濒临灭绝的物种之一。中国今天野外生存的老虎数量，尚不及汉语有关虎的成语数量之多。

大雪期间的三候，在仲冬之月万物均为雪所覆盖的时候，独有荔草生长露出地表的现象。这一荔草，又叫马蔺草，还有马兰花、马莲、旱蒲、马帚、铁扫帚等多种称呼，又有俗称台湾草，它来源于台湾省，同中国东北的乌拉草及南美的巴拿马草齐名于世，被称为世界上的“三棵宝草”。马蔺草长而柔软，耐盐碱，耐践踏，根系发达，生长于荒地路旁、山坡草丛、盐碱草甸中，是节水、抗旱、耐盐碱、抗杂草、抗病、抗虫、抗鼠害的优良观赏地被植物。用它编的各种草制品，如草帽、手提包、床席等，细致光滑，坚韧耐用，散热性强。它的根则可做刷子，旧时农村人家“束其根以刷锅”。

在古人眼里，如果大雪节气里寒号鸟还在啼叫，国内就有妖言惑众；如果老虎此时仍不交配，那说明军队里的将帅不和睦；如果马蔺草不长出来，那么就有官员专权的现象发生，还有人认为，“荔挺不出，则国多火灾”。

在大时间序列里，大雪节气在比卦时空，比卦的“比”字是两人搀扶之象。从经验层面上看，这个时候冰雪半化不化，积在地上，对行人来说是一个危险之象。人们在这个时候走路经常跌跤，有时候或牵着他人一起走，或跌倒时被他人扶起来，说说笑笑，增进了感情。这一时空是顺而险，又有相亲相感之象。比卦时空中有平等之义，有团结合作之义，有快乐之义。比一比，看一看，比比皆是。有意思的是，世界人权日在比卦时空（12月10日）。《世界人权宣言》强调：“人人生而自由，在尊严和权利上一律平等。他们富有理性和良心，并应以兄弟关系的精神相对待。”这正是比卦卦义。

比卦时空或大雪节气是快乐的。中国人说，四海之内皆兄弟也。人生坎坷的席勒则写有《欢乐颂》称道这一平等快乐之义：“欢乐女神，圣洁美丽，灿烂光芒照大地。我们心中充满热情，来到你的圣殿里。你的力量，能使人们，消除一切分歧。在你光辉照耀下面，人们团结成兄弟。”

人类在大雪面前变成了风雅之士，无数人的手和心灵感受过大雪。只见天地之间白茫茫的一片，雪花纷纷扬扬地从天上飘落下来，四周像拉起了白色的帐篷，大地立刻变得银装素裹。“雪似梅花，梅花似雪，似和不似都奇绝。”山上的雪被风吹着，像要埋蔽这傍山的小房似的。大树号叫，风雪向小房遮蒙下来。一株山边斜歪着的大树，倒折下来。“北风卷地白草折，胡天八月即飞雪。”雪中的景色壮丽无比，天地之间浑然一色，只能看见一片银色，好像整个世界都是用银子来装饰而成的。“日暮苍山远，天寒白屋贫。柴门闻犬吠，风雪夜归人。”

中国人对大雪的感受可圈可点。历史上有名的风雅故事是谢安一家人相聚赏雪。谢安寒雪日内集，与儿女讲论文义，俄而雪骤，欣然曰：“白雪纷纷何所似？”兄子胡儿曰：“撒盐空中差可拟。”兄女曰：“未若柳絮因风起。”公大笑乐。后人称道这位以柳絮比喻白雪的才女谢道韫咏雪“形神皆备”。

中国人说大雪可兆天气，祖咏有诗：“终南阴岭秀，积雪浮云端。林表明霁色，城中增暮寒。”大雪可见气节，陈毅有诗：“大雪压青松，青松挺且直。要知松高洁，待到雪化时。”大雪可思贫穷，罗隐有诗：“尽道丰年瑞，丰年事若何。长安有贫者，为瑞不宜多。”大雪可喻富贵，《红楼梦》里说：“丰年好大雪，珍珠如土金如铁。”

《红楼梦》里还有一句名言：“落了片白茫茫大地真干净。”这是大雪来了，是人生的终极，是空无。唐人柳宗元有诗：“千山鸟飞绝，万径人踪灭。孤舟蓑笠翁，独钓寒江雪。”在诗人笔下，世间一切不复存在，空旷寂寥，别无生物。千山无鸟、万径无人，空了还空，一空再空。人生再怎么有过红楼儿女般的热闹，仍要回归或直面空无，甚至说，空无才是本来。千山万径，唯一的存在之敞亮者便是诗人自己。这是何等的境地？

从热烈、欢乐的大雪比卦时空里回归本来，时空中的唯一主体现身了。这种精神主体有一种平淡简朴而雄浑横绝万古的力量，朱叶青先生曾为此寒江独钓三复斯意，他还在南宋马远的名作《寒江独钓图》中读出了历史意蕴。在朱叶青看来，寒江独钓，有如广大教化而普及人心，汉民族情感隐含了这样一道孤愤色彩，命运坎坷就将寒江独钓作为释放心灵郁气的解脱方式。寒江独钓，是一种被浓缩的孤独之境，展开过程完全沉寂无声。寒江独钓又是一种精神性宣示，表明自己退缩于个体的孤独之壳，孤独语调表述得极端微弱，却在舞台背景衬托下变得愈加鲜明个性化。渔夫精神姿态虽然微弱甚至有几分渺小，但实际上并未减弱其主体性地位。简言之，即使微弱渺小却依然是精神独体。

公历 12月21日 — 12月23日　　　　蚯蚓结，麋角解，水泉动。

冬至　　　　○ 君子以见天地之心

老树印信

冬至是中国农历中极重要的一个节气。一般人以为它是两千多年前测定出来的，还有人猜测是周公测定天下之中时测出来的（“测土深，正日影，求地中，验四时”）。这其实是囿于文献的想当然。先民要测时、定时，都不可避免地与冬至相识，无论是四千年前的索尔兹伯里巨石阵，还是五六千年前的良渚祭坛，观察冬至日都是人类文明史早期极为重要的活动。

调时定时是一切生物的本能，更是人类的本领。人类测定时间，除了月亮、星星，最重要的就是测定太阳与地球、与人身的关系。“树八尺之表，夏至日，景长尺有五寸；冬至日，景长一丈三尺五寸。”木杆、竹竿、土圭，以八尺为标准，其实就是以人的八尺身高为参照。以人身为度，因为人在夏天的时候会看到自己的影子越来越短，在冬天的时候看到自己的影子越来越长。立人身为尺度，立竿见影，每次最短的日子即是夏至，最长的日子即是冬至。

古人的解释是，阴极之至，阳气始生，日南至，日短之至，日影长之至，故曰“冬至”。科学的解释是，太阳运行至黄经 270°，太阳直射南回归线（又称为冬至线），阳光对北半球最倾斜，当然影子也就最长了。对北半球的居民来说，冬至日是全年正午太阳高度最低的一天，又是北半球白天最短暂、黑夜最漫长的一天。这一天在中国的先民心中，被称为“至日”。

我们可以想象，先民曾经以冬至为年年岁岁的结束或开始的节点。如果把太阳称作神圣，这几天即是太阳重生的圣诞时刻。巧合的是，12 月 25 日是波斯太阳神（即光明之神）密特拉（Mithra）的诞辰，罗马神话中太阳神阿波罗的生日也是 12 月 25 日。这一天又是罗马历书的冬至节，崇拜太阳神的人们都把这一天当作春天的希望，万物复苏的开始。历史学家们在罗马基督徒习用的日历中发现公元 354 年 12 月 25 日页内记录着：“基督降生在犹大的伯利恒。”人们以此纪念基督耶稣的诞辰，是谓圣诞。

我们中国的殷周时期，规定冬至前一天为岁终之日，冬至节相当于春节，周代以冬十一月为正月，以冬至为岁首过新年。后来苗族的历法则把冬至当作新年。直到现在一些少数民族仍有“冬至大如年”的说法，而中原地带从周代起官民都会有祭祀活动。《周礼》：“以冬日至，致天神人鬼。”目的在于祈求消除国中的疫疾，减少荒年与饥饿死亡。

在大时间序列里，冬至是坤卦时空和复卦时空的交汇点。坤卦时空的要义在厚德载物，复卦时空则是一阳来复，见天地之心。《易经》为此记载说，先王以至日闭关，商旅不行，后不省方。先王们会顺应天时，修道养身，以培养召回极微的正阳之气，使其潜滋暗长，不惊不扰。《礼记·月令》记载，当时要“土事毋作，慎勿发盖，毋发室屋及起大众，以固而闭”，如此安稳过冬。国家不起用动员民众，关闭关口，与民休息，工商旅客都不远出，先王也不省视四方之事。

汉武帝时太初改历，实行夏历，将岁末推后至十二月，岁终祭祀才与冬至相分开。但冬至一直排在二十四个节气的首位，称之为“亚岁”。汉代蔡邕《独断》：“冬至阳气起，君道长，故贺。”过了冬至，白昼一天比一天长，阳气回升，是一个节气循环的开始，也是一个吉日，应该庆贺。《晋书》上记载有：“魏、晋则冬至日受方国及百僚称贺……其仪亚于献岁之旦。”更为细致的观察是人民大众。杜甫有诗：“天时人事日相催，冬至阳生春又来。刺绣五纹添弱线，吹葭六琯动浮灰。岸容待腊将舒柳，山意冲寒欲放梅。云物不殊乡国异，教儿且覆掌中杯。”其中刺绣添弱线，即绣女发现这一天比平时多添了几针线，意味着日头回来了。

冬至日处于岁末，是历法推算的重要观测点，所以皇帝向文武百官颁发或馈赠历书也多在冬至日进行，其做法类似于今天人们送日历、挂历习俗。汉代以冬至为“冬节”，官府要举行祝贺仪式称为“贺冬”，官方例行放假，官场流行互贺的“拜冬”礼俗。《后汉书》中有这样的记载：“冬至前后，君子安身静体，百官绝事，不听政，择吉辰而后省事。”魏晋南北朝时，冬至称为“亚岁”，人们要向父母长辈拜节。唐宋时，以冬至和岁首并重。南宋孟元老《东京梦华录》：“十一月冬至。京师最重此节，虽至贫者，一年之间，积累假借，至此日更易新衣，备办饮食，享祀先祖。官放关扑，庆贺往来，一如年节。”

冬至节的祭拜活动有很多，主要有祭祖、拜父母、拜师等。冬至祭祖，是人们向祖先汇报一年的丰收情况，祈求祖先保佑的一种行为。冬至祭祀为大祭，一般全族人都要参加，祭祀地点多选择家族祠堂或坟前。祭祀完毕，家族聚餐，若家中有人外出未归，则留出空座，摆上碗筷，象征性加些饭菜，以表示对家人的思念。读书人要祭祀先师孔子，因冬至如同过年，等同于增寿一年，所以冬至日要悬挂孔子像或设孔子牌位。这一天，学生还要备礼看望老师，酬谢一年的教育之恩。

冬至的物候是，一候蚯蚓结，二候麋角解，三候水泉动。传说蚯蚓是阴屈阳伸的生物，此时阳气虽已生长，但阴气仍然十分强盛，土中的蚯蚓仍然蜷缩着身体；麋与鹿同科，却阴阳不同，古人认为鹿角朝前生，为阳，故夏至后一阴生则鹿角解；麋角朝后生，所以为阴，故冬至一阳生时，麋感阴气渐退而解角；由于阳气初生，此时山中的泉水可以流动并且有温热感。

冬至的物候中，蚯蚓体形圆长而柔软，外表丑陋，经常穿穴泥中，能改良土壤，有益农事，它是农民的好助手，人们叫它“活犁耙”。蚯蚓也是动物的高级饲料，可作为鱼饵，俗称钓鱼虫。蚯蚓还是很重要的药材，中药里称之为地龙，《本草纲目》认为它具有通经活络、活血化瘀、预防治疗心脑血管疾病作用。生物学家达尔文曾称道蚯蚓，说它是地球上最有价值的动物。

麋跟鹿有所不同，它的角像鹿，尾则像驴，蹄像牛，颈又像骆驼，故人称“四不像”，它曾是中国特有的一种动物，自古被称为吉祥之物，种群规模曾以亿计，如今却几度濒临灭绝。《封神榜》中姜太公的坐骑即为麋鹿，曾被称为上古神兽。“孟子见梁惠王，王立于沼上，顾鸿雁麋鹿，曰：‘贤者亦乐此乎？’”

山泉水是民间特别认知的一种饮用水，陆羽在《茶经》中说，山水上，河水中，井水下，即用来泡茶的水以自山中流出的山泉水最佳。冬至的物候中，如果蚯蚓不盘结，在古人看来，说明国君政令行不通；如果麋鹿的角不脱落，意味着兵甲武器不能收藏，即有军事行动；如果地下水泉不涌动，则说明阴气没有阳气来承接。

对农民来说，冬至节气算得上农闲时节，主要农事如积农家肥，做好防冻工作等，并不算劳累。王朝时代的统治者会抓住这一时机，动员民众做一些大型工程，如兴修水利。明代的朱元璋就曾派国子监生分赴天下的郡县，组织吏民利用农闲时间，根据地形情况，全面整修水利工程。后来的统计数据显示，这次集中的整治行动共开塘堰四万多处，河道四千多处，坡渠堤岸五千多处。

冬至日太阳高度最低，日照时间最短，地面散失的热量比吸收的热量多，故冬至后太阳虽然北移，地面温度却仍在降低。我们中国人自冬至后便开始“数九”，每九天为一个“九”。过了冬至进入“头九”，标志着最冷的冬天要来了。民间有“冬至不过不冷”之说，天文学上把“冬至”规定为北半球冬季的开始。到“三九”前后，地面积蓄的热量最少，天气也最冷，所以说“冷在三九”。

数九的习俗在南北朝时已经流行。梁代宗懔《荆楚岁时记》中就写道：“俗用冬至日数及九九八十一日，为寒尽。”一直数到“九九”八十一天，“九尽桃花开”，天气就暖和了。实际上，是“九九又一九，耕牛遍地走”——整整九十天。在中国文化里，九为极数，乃最大、最多、最长久的概念。九个九即八十一更是“最大不过”之数。

古人御寒保暖条件较现代简陋缺乏，把寒冬视为威胁与惩罚而对天寒地冻生恐惧感，影响到人的情绪感受，以为冬季莫名其妙地漫长。东西方人对此感受并无二致，只不过应对方式各有特色。在俄罗斯、在北欧，人们在漫漫冬夜里，会沉思，会团契，他们亲朋好友会聚在一起讨论问题，或者朗读小说。在欧洲人拓荒北美大陆时，一家一村落会被冰天雪地封住，与世隔绝，他们应对漫漫冬天的办法，也是读书，据说当时天造草昧，文化并不繁荣，没有多少书读，他们会围着炉火诵读《圣经》，以此找到跟世界联系的通道，找到人生的意义。这样的过冬催生了心智，使得他们一旦开智启蒙，就能够在文学、哲学和历史等领域里立言立法。我们今天看到，18 和 19 世纪文明史上那些最为辉煌的长篇小说，都曾陪伴过人性的冬季。

为挨过漫长冬季，中国人发现“数九”是一个很好的应对办法，一家人在一起数九亦被视为逍遥境界。明代有“画九”的习俗。明代《帝京景物略》载：“冬至日，画素梅一枝，为瓣八十有一。日染一瓣，瓣尽而九九出，则春深矣，曰九九消寒图。”

清代有“九九消寒诗图”，这类诗有不少，每九天四句，共三十六句。如王之翰创作的一首科教诗：“一九冬至一阳生，万物资始渐勾萌，莫道隆冬无好景，山川草木玉妆成。二九七日是小寒，田间休息掩柴关，室家共享盈宁福，预计来年春不闲。三九严寒水结冰，罢钓归来蓑笠翁，虽无双鲤换新酒，且见床头樽不空。四九雪铺遍地平，朔风凛冽起新晴，朱提公子休嫌冷，山有樵夫赤足行。五九元旦一岁周，茗香椒酒答神庥，太平天子朝元日，万国衣冠拜冕旒。六九上元佳景多，满城灯火映星河，寻常巷陌皆车马，到处笙歌表太和。七九之数六十三，堤边杨柳欲含烟，红梅几点传春讯，不待东风二月天。八九风和日日迟，名花先发向阳枝，即今河畔冰开日，又是渔翁垂钓时。九九鸟啼上苑东，青青草色含烟蒙，老农教子耕宜早，二月中天起卧龙。”

还有大清国臣民的教科书：“头九初寒才是冬，三皇治世万物生，尧汤舜禹传桀事，武王伐纣列国分。二九朔风冷难当，临潼斗宝各逞强，王翦一怒平六国，一统江山秦始皇。三九纷纷降雪霜，斩蛇起义汉刘邦，霸王力举千斤鼎，弃职归山张子房。四九滴水冻成冰，青梅煮酒论英雄，孙权独占江南地，鼎足三分属晋公。五九迎春地气通，红拂私奔出深宫，英雄奇遇张忠俭，李渊出现太原城。六九春分天渐长，咬金聚会在瓦岗，茂公又把江山定，秦琼敬德保唐王。七九南来雁北飞，探母回令是延辉，夤夜母子得相会，相会不该转回归。八九河开绿水流，洪武永乐南北游，伯温辞朝归山去，崇祯无福天下丢。九九八十一日完，闯王造反到顺天，三桂领兵下南去，我国大清坐金銮。”

民国时期变为时政内容：“头九初寒才是冬，武昌起义黎宋卿；提倡革命张镇武，炮打龟山萨镇冰。二九朔风冷清清，孙文独立在南京；张勋带兵抄革命，铁良一去影无踪。三九大寒天气凉，朝中急坏摄政王；洵涛保举袁世凯，因病请假世中堂。四九天寒冷凄凄，北军代表唐绍仪；电告南省全独立，因此改换五色旗。五九迎春过新年，袁大总统掌兵权；电告各省休争战，南北共和乐安然。六九天长要打春，遍地都是三镇军；正月十二遭兵变，大炮攻破齐化门。七九河开地气通，连烧带抢是大兵；总统当日传命令，拿住土匪不放松。八九雁来到惊蛰，同谋幸福算白说；生命财产难保守，五族平等假共和。九九八十一日完，二次革命闹得欢；黄兴运动北伐队，上海各处设机关。”

清代还有“写九”习俗。“写九”的文化味很浓，往往用“亭前垂柳珍重待春風（风）”或“春前庭柏風（风）送香盈室”九字，先双钩成幅，从头九第一天开始填写。用粗毛笔着黑色，每字九笔，每笔一天，九字填完正好八十一天。每天填完一笔后，还要用细毛笔着白色在笔画上记录当日天气情况，所以，一行“写九”字幅，也是九九天里较详细的气象资料。

冬至是养生的大好时机，因为“气始于冬至”。此时养生有助于保证旺盛的精力而防早衰，达到延年益寿的目的。冬至时节饮食宜多样，谷、果、肉、蔬合理搭配，适当选用高钙食品。因为冬至是阴阳二气的自然转化，在这个阴阳交接的时候，中国人通过艾灸神阙穴可益气补阳，温肾健脾，祛风除湿，温阳救逆，温通经络，调和气血，对身体非常有好处，甚至会使人第二年都少生病。

冬至一阳生。冬至所在的月又称子月，对天文历法而言，冬至是阴阳合历“十九年七闰”的起计点，即“朔旦冬至”。“朔旦”（初一）是太阴历概念，“冬至”是太阳历概念。每过十九年，太阳历冬至子时以后（旦），即太阴历初一（朔）。这一重要时刻，叫作“交子”，意为太阳历、太阴历的起计点，交于冬至子时。张远山先生认为，冬至吃饺子的习俗应该来源于此：饺子外皮为月形，象征阴阳合历的太阴历表象。饺子内馅为日形，象征阴阳合历的太阳历本质。所以阴阳合历起计点“朔旦冬至”的交子之时，必须吃饺子。饺子的标准褶子，应为十二，标示一年十二月。

确实，在冬至这天，中国人不论贫富，饺子是必不可少的节日饭。谚云：“十月一，冬至到，家家户户吃水饺。”一般人以为饺子起源于春秋时期，民间传说则以为饺子起源于东汉时期，为东汉南阳人医圣张仲景首创。当时饺子是药用，张仲景用面皮包上一些祛寒的药材（羊肉、胡椒等）用来治病，避免病人耳朵上生冻疮。民谚有：“过年不端饺子碗，冻掉耳朵没人管。”

饺子一般要在年三十晚上子时以前包好，待到半夜子时吃，取“更岁交子”之意，“子”为“子时”，“交”与“饺”谐音，有“喜庆团圆”和“吉祥如意”的意思。清朝有关史料记载说：“元旦子时，盛馔同离，如食扁食，名角子，取其更岁交子之义。”又说：“每年初一，无论贫富贵贱，皆以白面做饺食之，谓之煮饽饽，举国皆然，无不同也。富贵之家，暗以金银小锞藏之饽饽中，以卜顺利，家人食得者，则终岁大吉。”人们吃饺子，寓意吉利，以示辞旧迎新。

冬至的重要性不言而喻。在大时间序列里，它的前面为剥卦时空，时空中的阳能被剥尽，但中国人说，这不要紧，剥极必复，复则见天地心。什么是天地心？是太阳，是人心，是希望，是能量，是生命本身。西方科学家卡普拉（Fritjof Capra）则以复卦命名其专著 *The Turning Point*（《转折点》，复卦英译为 return 或 the turning point。有的版本还把复卦设计为封面），以复卦作为开场白，用复卦初爻所象征的转折点意义，来说明人类正处在是走向生存还是走向毁灭的重大历史转折关头。这也是冬至给予人类的启示。诗人白居易有一年冬至在邯郸度过，他写诗说：“邯郸驿里逢冬至，抱膝灯前影伴身。想得家中夜深坐，还应说着远行人。”

公历 1月5日—1月7日

雁北乡，鹊始巢，雉始雊。

小寒

〇 君子以经纶

老树

当阳历新年的1月6日前后，太阳到达黄经285°时，节气即是“小寒”。这时，太阳还在地球的南回归线附近徘徊，北半球接受的太阳光热仍是极弱小的，中国的先民在长期的经验中认识到，这是一年中最寒冷的日子。气象资料证实，小寒是气温最低的节气，只有少数年份的大寒气温低于小寒。一般人会错以为冬至时太阳到了南回归线最冷，冬至时的地表固然得到的太阳光、热最少，但还有土壤深层的热量补充，所以还不是全年最冷的时候。冬至过后，到“三九”前后，即小寒节气期间，土壤深层的热量也消耗殆尽，尽管得到的太阳光、热稍有增加，仍入不敷出，于是便出现全年的最低温度。民间有“小寒胜大寒”之说。

小寒与大寒、小暑、大暑及处暑一样，是表示气温冷暖变化的节气。有意思的是，小寒是中国农历二十四节气里的第二十三个节气，跟最后一个节气大寒一道表示严冬季节。跟冬至节气处于一个太阳年的最后几天不同，农历年的节气的最后是小寒、大寒，这说明中国农历安排农事的某种方便。

气象学家解释说，在小寒节气，东亚大槽发展得最为强大和稳定，蒙古冷高压和阿留申低压也达到最为强大且稳定，西风槽脊尺度达到最大，并配合最强的西风强度。小寒节气冷空气降温过程频繁，但达到寒潮标准的并不多。中国内地最冷的地区是黑龙江北部，最低气温可达 -50℃左右，天寒地冻，滴水成冰，成为冰雕玉琢的世界。北京的平均气温一般在 -5℃上下，极端最低温度低于 -15℃。而在低海拔河谷地带，中国南方地区，1 月平均气温在 12℃左右，只有很少年份可能出现 0℃以下的低温。加之逆温效应十分显著，所以香蕉、杧果等热带水果能够良好生长。

虽然现在小寒是最冷的时候，但在先民当初的观察中，小寒的特点是天渐寒，尚未大冷。《月令七十二候集解》中说："月初寒尚小……月半则大矣。"就是说，曾经有一段时间，大寒是比小寒冷的。无论如何，这是艰难时刻。先民总结小寒的冷暖预测未来天气，"小寒天气热，大寒冷莫说"，"小寒不寒，清明泥潭"，"小寒大寒寒得透，来年春天天暖和"，"小寒暖，立春雪"，"小寒寒，惊蛰暖"，等等。根据小寒的阴雨（雪）情况，预测未来天气，"小寒蒙蒙雨，雨水还冻秧"，"小寒雨蒙蒙，雨水惊蛰冻死秧"。

"冷在三九"，"出门冰上走"。淋过雨、挨过霜、披过雪，"小寒"是冻出来的，"小寒冷冻冻，寒到提火笼"，"小寒小寒，无风也寒"。对农民来说，小寒时节要抓好春花作物的培育，做好防冻、防湿工作，力争春花作物好收成。要防止积雪、冻雨压断竹林和果木，冬季多大雾、大风天，海上或江湖捕鱼、养殖作业需特别注意安全。小寒还与积蓄有关。积蓄雪花、积蓄阳气、积蓄力量。没有寒冷，暖春无法开始。害虫在此时会被冻死，“小寒寒，六畜安”。中医认为寒为阴邪，最寒冷的节气也是阴邪最盛的时期，小寒期间，从饮食养生的角度讲，要特别注意在日常饮食中多食用一些温热食物以补益身体，防御寒冷气候对人体的侵袭。

虽然在冰天雪地里，但先民们发现，小寒时期的阳能其实在增加。小寒的物候是，一候雁北乡，二候鹊始巢，三候雉始雊。先民对大雁这种候鸟观察得十分仔细，大雁的行为也是古人判断节气的重要依据。虽然大雁还在南方过冬，但它们已经感知到阴阳的顺逆变化，阳气即将回升，雁群开始自南方往北飞回故乡。

大雁是出色的空中旅行家。每当秋冬季节，它们就从西伯利亚一带，成群结队、浩浩荡荡地飞到中国南方过冬。冬去春来，它们又飞回到西伯利亚产蛋繁殖。大雁的飞行速度很快，每小时能飞 68 ~ 90 千米，几千千米的漫长旅途得飞上一两个月。流行歌曲曾有《雁南飞》，深得中国诗歌赋比兴之精义：“雁南飞，雁南飞，雁叫声声心欲碎，不等今日去，已盼春来归……今日去愿为春来归，盼归莫把心揉碎，莫把心揉碎，且等春来归。”

大雁是人们熟知的鸟类，在中国文化中，雁是禽中之冠，自古被视为“五常俱全”的灵物，即具有仁义礼智信五常。雁有仁心，一队雁阵当中，总有老弱病残之辈，其他壮年大雁不会弃之不顾。雁有情义，雌雁雄雁相配，从一而终，一只死去，另一只也会自杀或者郁郁而亡。雁在迁徙时总是几十只、数百只，甚至上千只汇集在一起，互相紧接着列队而飞，古人称之为“雁阵”。“雁阵”由有经验的“头雁”带领，加速飞行时，队伍排成人字形，一旦减速，队伍又由人字形换成一字长蛇形，这是为了进行长途迁徙而采取的有效措施，在古人看来即为礼。雁有智慧，雁为最难猎获之物，落地歇息之际，群雁中会由孤雁放哨警戒。人们说，犬为地厌、雁为天厌、鳢为水厌，即指它们机智警觉。雁有信，它是南北迁徙的候鸟。因时节变换而迁动，从不爽期，至秋而南翔，故称秋天为雁天。

中国文化中很早就把雁当作文明的象征，古时有以大雁为礼物的惯例。周代开创的婚姻礼仪，是礼仪的根本，而婚姻的六礼中，纳彩、问名、纳吉、纳征、请期、亲迎六个阶段，只有第五个阶段不必用雁，其他几礼都要用雁，即说明在中国人的观察里，雁是情感最为执着高贵的物种了。后来的元好问更纪实了大雁的爱情：“问世间，情是何物，直教生死相许？天南地北双飞客，老翅几回寒暑。欢乐趣，离别苦，就中更有痴儿女。君应有语，渺万里层云，千山暮雪，只影向谁去？横汾路，寂寞当年箫鼓，荒烟依旧平楚。招魂楚些何嗟及，山鬼暗啼风雨。天也妒，未信与，莺儿燕子俱黄土。千秋万古，为留待骚人，狂歌痛饮，来访雁丘处。”(《摸鱼儿·雁丘词》)

到了第二候，虽然是一年中最冷的时节，喜鹊却会冒着严寒开始筑巢，准备孕育后代。喜鹊是适应能力比较强的鸟类，人类活动越多的地方，喜鹊种群的数量往往也越多，而在人迹罕至的密林中则难见它们的身影，可以说它们是很有人缘的鸟类。喜鹊常成对或结成大群活动，白天在旷野农田觅食，夜间在高大乔木的顶端栖息。中国人在鹊之前加上“喜”字，明证喜鹊在中国人的眼中象征吉祥。民间传说鹊能报喜，故称喜鹊。画鹊兆喜几乎成了我们文化中的一个大为流行的风俗，齐白石、徐悲鸿等人都画过喜鹊。两只鹊儿面对面叫“喜相逢”；双鹊中加一枚古钱叫“喜在眼前”；一只獾和一只鹊在树下树上对望叫“欢天喜地”。流传最广的，则是鹊登梅枝报喜图，又叫“喜上眉梢”。中国人对喜鹊的观察也非常早，《诗经》中有“维鹊有巢，维鸠居之”，这是成语“鹊巢鸠占”的源头。

第三候中的“雉”是野鸡，在山中的野鸡也察觉到了阳气的滋长，开始鸣叫寻找同伴。我们今天已经很少能看到野鸡，但在古代，“雉”也参与了中国文化的经验和表达。“雉”善走，不能久飞，羽毛可做装饰品。《诗经》中说：“雄雉于飞，泄泄其羽。”它由“矢”和“隹”两字组成，矢为矢量，长度单位，表示本地方；隹为鸟，雉的本义是留鸟，特指野鸡。古人也因此把雉当作长度单位，长三丈高一丈的城墙为一雉。《左传》中说：“都城过百雉。”城墙则称为雉堞，谢朓有诗：“出没眺楼雉，远近送春目。”

对小寒三候，古人认为，如果届时不候，没有出现应有的物候，则预兆着有问题。大雁不向北飞，说明百姓不会心向君王；喜鹊不筑巢，说明国内会不太平；野鸡在此时不开始啼叫，表明国内会发大水。

对物候的观察感受需要极为开阔又沉静的心态，毛泽东当年有诗：“雪压冬云白絮飞，万花纷谢一时稀。高天滚滚寒流急，大地微微暖气吹。独有英雄驱虎豹，更无豪杰怕熊罴。梅花欢喜漫天雪，冻死苍蝇未足奇。”(《七律·冬云》)

这种感受阳气来临的现象在植物界也有表现。在大时间序列里，这是水雷卦时空，有阳气震动，有云水滋润，生物世界最早由植物来新生成长。植物的萌动，最为关键的，是“草木有本心”，其顽强的生命力感应到了太阳北移，阳气渐长。这个草木萌动的形象用一个字来代表，就是当时冬至后小寒期间大地上的小草，它的头伸出来了，但很弱小，根部则因条件的变化可以向大地深处伸展，故这个小草扎根伸头的形象——“屯”字，发音震云，就成为这几天的时空名字，即水雷屯卦时空。

现实事物与“屯”象极为吻合的是北方的冬麦。在寒冷的冬天，麦苗无法生长，但它并没有停止生命过程，它将自己的根部不断往温暖的土壤深处伸展，为来年春天的生长打下坚实的基础。这应该是“尾曲”“屯聚”之义。中国北方冬麦的生长有屯聚之象，北方村落多有以屯命名者，如刘家屯、皇姑屯等等。

对小寒节气，先民用了很多话来三复斯意。如说这一时期“雷雨之动满盈。天造草昧，宜建侯而不宁”。雷雨交加滋养万物，充盈天地。天始造化，万物萌发，草创之始，冥昧之时，宜于付诸行动建功立业，而从此难以宁静。或者说，在不宁中求得大安。尽管创业艰难，先民仍系辞说这一时期是非常吉利的，在全年的六十四段时空里，只有包括这一小段时空在内的有数的几段得到了“元亨利贞”的评价。

更有意思的是，现代人的新年元旦，即太阳年的 1 月 1 日，是在小寒节气前几天。这个元旦的意义，很多人未必清楚，但中国古人对元的概念有极为宏大而精准的把握。公元前 104 年，中国人编制出《太初历》，规定 1 回归年为 365.25016 日，1 朔望月等于 29.53086 日。当时的中国人把握到，1 章等于 19 年，等于 235 月，在 1 章的周期里，阴历的朔旦跟阳历的冬至在同一天；1统等于81章，等于1539年等于562120日，等于19035月，在1统的周期里，朔旦冬至则在同一天的夜半；1元等于3统，等于4617年，在1元的周期里，朔旦冬至则在甲子日的夜半。后来的“三统历”更把时间单位拉长，除了甲子夜半朔旦冬至之外，还要配合日月合璧和五星连珠的周期，“三统历”又立5120元即23639040年的大周期，其起首叫作太极上元，并将汉武帝的太初元年距太极上元的积年测算了出来，相差143127岁，即在时间大周期中已过了31个元。这是何等广阔的视野！诗人说，人生不满百，常怀千岁忧。中国人对数的时间把握早已千年万年。

由此理解我们中国人说的“一元复始，万象更新”，一方面是大时空中的开始，是天道宇宙的运行规律；另一方面是小周期即一年的开始。在最寒冷的日子来临前，中国人就预感到万象都在萌动新生。先民为此说小寒节气的屯卦时空：“云雷，屯；君子以经纶。”云与雷为屯，君子由此领悟，当凝重如云，迅疾如雷，沉着果敢以整顿秩序，经纶事业。

我们由此理解小寒节气对天地人的意义，它是春天前的严寒，是黎明前的黑暗。它是艰难的，也是躁动不已的。欲望、力量、才华、正义在这里屯聚，终有喷薄而出的时候。水雷屯的卦象，在历史上有很多，比如，陈胜、吴广到大泽乡遇雨，正是一群受压迫、骚动不已的阳刚汉子遇坎水的经典之象，他们反抗，终于拉开了创生一个新社会的序幕。

对人生来说，它意味着是青少年期，是积累创业的阶段，是要不断折腾的阶段，后来的年轻人祝福的“现世安稳、岁月静好”不适合青少年时期，因为青春少年就是要“宜建侯而不宁”。先哲对创业的研究分析是平实的，他们肯定屯业的元亨利贞，但更深知其中的艰难。要成家立业，要安身立命，处处都有波折；尤其其中的男女婚姻，那种向世间、命运乞求他心中的人早日到来，爱不得时的孤苦，相爱时的嗔怨，又阴阳交战、其血玄黄的哭哭笑笑，真是屯如、邅如、班如、涟如。孟子对此更有一种文学式的表达：“故天将降大任于是人也，必先苦其心志，劳其筋骨，饿其体肤，空乏其身，行拂乱其所为，所以动心忍性，曾益其所不能。”

自然，诗人们也在小寒期间写诗存照，把小寒节气给人心的感受精准地表达出来。大诗人杜甫的《小寒食舟中作》最为有名：“佳辰强饮食犹寒，隐几萧条戴鹖冠。春水船如天上坐，老年花似雾中看。娟娟戏蝶过闲幔，片片轻鸥下急湍。云白山青万余里，愁看直北是长安。”宋代诗人杜耒在《寒夜》诗中写道：“寒夜客来茶当酒，竹炉汤沸火初红。寻常一样窗前月，才有梅花便不同。”朱淑真的一首诗则有着天文历法与音乐声律相应的材料：“黄钟应律好风催，阴伏阳升淑气回。葵影便移长至日，梅花先趁小寒开。八神表日占和岁，六琯飞葭动细灰。已有岸旁迎腊柳，参差又欲领春来。”即不同的时间，有不同的声音或音律。这应了西方诗人艾略特的名言：“去年的话属于去年的语言，明年的话等待另一种声音。”

公历 1月20日 — 1月21日

鸡乳，征鸟厉疾，水泽腹坚。

大寒

○ 君子以修省

老树印信

每年阳历的 1 月 20 日或 21 日，太阳到达黄经 300°，寒冷到了极点。虽然很多年里，小寒胜大寒，但经过小寒，在长期的寒冷中生活，人们对冷的感受强化了，即使太阳已经从南回归线北返有月，但人们仍以为寒冷似乎没有尽头。在中国农历的安排里，这是二十四节气的最后一个节气，意味着农历年的最后阶段，新生的春天即将到来。物极必反，是为大寒。大寒节气一般跟农历的岁末时间重合，故大寒时间多是人们过年时间，农谚所谓："小寒大寒，杀猪过年。""过了大寒，又是一年。"

《历书》记载："小寒后十五日，斗指癸，为大寒，时大寒栗烈已极，故名大寒也。"《授时通考·天时》引《三礼义宗》："大寒为中者，上形于小寒，故谓之大……寒气之逆极，故谓大寒。"

大寒期间，大气环流比较稳定，环流调整周期为二十天左右。当环流调整时，常出现大范围雨雪天气和大风降温。当东经 80° 以西为长波脊，东亚为沿海大槽，中国内地受西北风气流控制及不断补充的冷空气影响，便会出现持续低温。此时寒潮南下频繁，风大，低温，地面积雪不化，呈现冰天雪地、天寒地冻的严寒景象。

“花木管时令，鸟鸣报农时。”花草树木、走兽飞禽均按照季节活动，因此它们规律性的行动被看作区分时令节气的重要标志。生物界调时、定时的能力是其存在的先天本领，定时是生物调节自身生命活动使之按照一定的时序起动、进行和终止的过程。植物的开花与蜜蜂的采蜜同步；而某些小型无脊椎动物的交配时间异常短暂，交配双方必须准时到达同一地点；生物活动与自然环境配合，这才有利于它们的生存。因此准确的定时能力是生物世界得以进化到目前规模的一个必要条件。中国的先民观察到这一现象，即从自然界梳理出最能突出跟气候变化相关的现象，物候成为农民生产生活的指南。

大寒的物候是：一候鸡乳；二候征鸟厉疾；三候水泽腹坚。就是说到大寒节气，母鸡就能够产蛋了；而鹰隼之类的征鸟，此时正处于捕食能力极强的状态，盘旋于空中到处寻找食物，以补充身体的能量抵御严寒；在一年的最后五天内，水中的冰一直冻到水中央，且最厚最结实。如果过时不候，大寒节气时母鸡不能产蛋，就说明社会上有淫乱事件发生；像苍鹰那样的猛禽不高飞，国家不能剪除奸邪；水中不结坚冰，国君的政令无人听从。这三种预兆之说，大概只有第三候最有道理，因为水中不结坚冰，预兆来年气候反常，百姓生计得不到保证，自然无心听从政令。其他两候的预兆，多有附会。

传统农业社会，冬天里的鸡很少产蛋，只有感受到阳气来临，母鸡才开始产蛋。而鸡蛋，不仅是农业社会的营养品，也是农民的商品资料，“银行”一词进入乡村时，农民们会幽默地称自己有“鸡屁股银行”，日常的商品添置只能指望“鸡屁股银行”了。最近的研究表明，鸡蛋也是不少皇帝的奢侈品。专制与贪腐层纸之隔，导致权力中心者的消费也是高代价的。习骅在《中国历史的教训》中写道，乾隆皇帝有一天早朝，无意中跟大臣闲聊，问起他们早饭都吃了些什么，其中一位大臣回答说自家家境不怎么富裕，只随便吃了几枚鸡蛋。乾隆听了却是大吃一惊，倒吸一口凉气：“天哪，一枚鸡蛋要十两银子，朕都不敢多吃，你还哭穷！”到光绪帝时期，宫廷的鸡蛋进价已变成三十两银子一枚，其实市场上才卖三四个铜板。光绪偏偏好这一口，因此每年要“吃”掉上万两白银的鸡蛋，弄得自己都有点负罪感。有一天跟翁同龢闲聊，光绪问：“鸡蛋好吃是好吃，就是太贵了，翁老师你能吃得起吗？”翁同龢也不敢直言：“过年的时候买个把鸡蛋，给孩子们解解馋，平时不敢想。”习骅感慨：“可怜的光绪皇帝，终生都以为吃鸡蛋属于高档消费。”这一感慨如果针对千百年的乡下农民而发，是极为精准的。

至于苍鹰这样的鸟类，在中国人眼里，是自由、勇敢、力量、拼搏、疾恶如仇的象征。古人以为过时不候，预兆社会上有邪恶，从中可见我们文化中的附会思维。这种附会，或者仍属于寄情，如杜甫说："素练风霜起，苍鹰画作殊。㧐身思狡兔，侧目似愁胡。绦镟光堪摘，轩楹势可呼。何当击凡鸟，毛血洒平芜。"而历史上有名的"唐雎不辱使命"则活画出人间苍鹰的尊严和力量：秦王怫然怒，谓唐雎曰："公亦尝闻天子之怒乎？"唐雎对曰："臣未尝闻也。"秦王曰："天子之怒，伏尸百万，流血千里。"唐雎曰："大王尝闻布衣之怒乎？"秦王曰："布衣之怒，亦免冠徒跣，以头抢地耳。"唐雎曰："此庸夫之怒也，非士之怒也。夫专诸之刺王僚也，彗星袭月；聂政之刺韩傀也，白虹贯日；要离之刺庆忌也，仓鹰击于殿上。此三子者，皆布衣之士也，怀怒未发，休祲降于天，与臣而将四矣。若士必怒，伏尸二人，流血五步，天下缟素，今日是也。"挺剑而起。秦王色挠，长跪而谢之曰："先生坐！何至于此！寡人谕矣……"

大寒节气是农民的空闲时光，农活很少。北方地区的农民做做积肥堆肥的工作，为开春做准备，或者注意牲畜的防寒防冻。南方地区的农民则要注意小麦及其他作物的田间管理。岭南地区有大寒联合捉田鼠的习俗。此时农作物已收割完毕，平时看不到的田鼠窝多显露出来，大寒成为岭南当地集中消灭田鼠的重要时机。当然，大寒气候的变化也是预测来年雨水及粮食丰歉情况的重要标志，农民据此来及早安排农事。如“大寒天若雨，正二三月雨水多”，“大寒见三白，农民衣食足”，“大寒不寒，人马不安”，“大寒白雪定丰年”，“大寒无风伏干旱”，等等。

大寒节气的养生仍在于“冬藏”，当然，在饮食进补中可以适当增添一些有升散性质的食物，考虑到大寒期间是感冒等呼吸道传染性疾病高发期，应适当多吃一些温散风寒的食物以防御风寒邪气的侵扰。现代人对于寒热的观念逐渐淡薄了，这导致许多因寒引起的疾病，在治疗上因没有重视“寒”的问题，而越来越严重。人体内的血液，得温则易于流动，得寒就容易停滞。古人说：“慎风寒，节饮食，是从吾身上却病法。”

按中国的传统习俗，每到“大寒”，人们便开始忙着除旧布新。在打扫居室的过程中，全家禁忌说话，因为“闷声发大财”；清扫垃圾不准往外扫，要集中处理，因为“肥水不流外人田”。“大寒大寒，家家刷墙，刷去不祥。户户糊窗，糊进阳光。”这个清扫工作俗谓“除陈”。“大寒”之后便迎来“腊八”，即农历十二月初八。从先秦起，腊八节都是用来祭祀祖先和神灵，祈求丰收和吉祥。相传释迦牟尼是在十二月初八得道成佛的，佛教称此日为“佛成道节”。中国佛教徒于每年腊月初八举行诵经活动，并在佛座前献“乳糜粥”。因此，腊八粥也叫“福寿粥”“福德粥”和“佛粥”。“腊八”喝腊八粥逐渐演变成了一种民间习俗，寓意喜庆丰收，寄望来年日子更好。

尽管寒冷，中国的先民却把这一时空过得极为喜庆与欢乐。就像封冻已久的地带突然热闹起来了，人人都在动，走动、劳动、响动，赶年集，买年货，写春联，准备各种祭祀供品，扫尘洁物，除旧布新，准备年货，腌制各种腊肠、腊肉，或煎炸烹制鸡鸭鱼肉等各种年肴。人们争相购买芝麻秸，因为“芝麻开花节节高”，除夕夜，人们将芝麻秸撒在行走之外的路上，供孩童踩碎，谐音吉祥意“踩岁”，同时以“碎”“岁”谐音寓意“岁岁平安”，这“听个响动”的活动也是为了图个新年佳节的好口彩。

从时令上说，从冬至数九到此时，是三九过后进入四九的日子。虽然有三九四九冰上走的说法，但此时阳能再度加强，天空中出现了雷声，与大地下的雷动形成共振共鸣，在上古中国气温较高一些的情况下，一些小河的冰面开始震动开裂。大地回暖，春天不远了。王安石有诗：“爆竹声中一岁除，春风送暖入屠苏。千门万户曈曈日，总把新桃换旧符。”在大时间序列里，大寒节气在震卦时空。天气寒冷到极点，连钢铁都可以冻得震裂，何况万物。

大寒节气极有象征意义。中国的先民说，天开于子，地辟于丑，人生于寅。天地人的演进有一种跟随递进的序列。从北半球冬至子时的来临，到小寒大寒的大地开裂，到立春寅日人间世的大幕拉起，这就是天人相应相感的表征。而在大寒的日子，天地间经历了漫长的封冻，有心人已经听见了震动的消息。无论天上的雷震、地震、社会动荡，在释放大量能量的同时，给予时空新生的机会。诗人说过，九州生气恃风雷。

人们观察震动，发现它实际上是一种能量波动，震的本质是波。因此，它的发动虽然惊心动魄，但人们没有必要害怕。事实上，在大雷震动过后，人们的心态反而有一种畅通感，有一种新生感，压抑阴暗的气息为之一空。

大寒节气的震动也是考验人的胆略的时候。先哲称赞震声的善德是教化，他们在描述震卦象时，不无幽默地说，震卦时空是一个考验人胆识的时空，祭祀吧，请客吧，这是亨通的。当迅雷不及掩耳地来到时，有人虽然像看到老虎一样为之一惊，但随即能够谈笑自若；当振聋发聩的变故声音惊彻百里时，有人仍能够镇定如常，不会吓得丢掉手上的器具，一如心如止水的主祭者不会吓得丢掉盛食的匕匙和迎神的美酒。震卦的系辞就是：“亨。震来虩虩，笑言哑哑；震惊百里，不丧匕鬯。”

震卦虽然有危难，但也有机会。而考验一个人是否堪当大任，其实就在于他应对变故的心性和能力。先哲说，那种不会吓得丢匕匙和美酒的人，能够建功立业，成为宗庙社稷的祭主。尧曾考验舜，“纳于大麓，烈风雷雨弗迷”。后来的纣王也曾考验过文王，曹操考验过刘备，都是从震动心性入手。“洊雷，震；君子以恐惧修省。”雷声相续，这就是震卦之象，君子以此领悟，要获得良好的应变能力，得心存恐惧以修己省心。据说孔子听到迅雷烈风，必变容以严肃对待，反省己德，过则改，无则勉，因此能够孔武有勇，处变不惊。

可以说，在大寒节气的响动、热闹之上，在民间智慧之上，传统中国的君子们在此时空里更会注意自己的反省修身，更要注意学习。宋濂《送东阳马生序》写尽了传统社会读书郎是如何在“大寒”的日子里修行的：“余幼时即嗜学。家贫，无从致书以观，每假借于藏书之家，手自笔录，计日以还。天大寒，砚冰坚，手指不可屈伸，弗之怠。录毕，走送之，不敢稍逾约。以是人多以书假余，余因得遍观群书。既加冠，益慕圣贤之道，又患无硕师、名人与游，尝趋百里外，从乡之先达执经叩问。先达德隆望尊，门人弟子填其室，未尝稍降辞色。余立侍左右，援疑质理，俯身倾耳以请；或遇其叱咄，色愈恭，礼愈至，不敢出一言以复；俟其欣悦，则又请焉。故余虽愚，卒获有所闻。”中国人熟知的“梅花香自苦寒来”，就深得这种修省之义。

诗人们自然不会放过吟诵的机会，唐人耿湋诗说：“愿保乔松质，青青过大寒。”这是《论语》所说“岁寒，然后知松柏之后凋也”之义。唐人张九龄有名诗：“江南有丹橘，经冬犹绿林。岂伊地气暖，自有岁寒心。”南宋画家马远所绘的松竹梅图，开启“岁寒三友图”的先河。在大寒万木皆凋落时节，松、竹、梅仍能保持其生态，年年月月仍旧不变，它们给了人类以生活的榜样和信心。

当然，诗人没有回避苦难，白居易有诗《村居苦寒》：“八年十二月，五日雪纷纷。竹柏皆冻死，况彼无衣民。回观村闾间，十室八九贫。北风利如剑，布絮不蔽身。唯烧蒿棘火，愁坐夜待晨。乃知大寒岁，农者尤苦辛。顾我当此日，草堂深掩门。褐裘覆絁被，坐卧有余温。幸免饥冻苦，又无垄亩勤。念彼深可愧，自问是何人。”后来的鲁迅也有名句：“天气愈冷了，我不知道柔石在那里有被褥不？我们是有的。”

在这现实的善恶之外，大寒节气还成为人情人性美学的展示平台。白居易另有名诗《问刘十九》，即写尽了这一人情之美，诗曰：“绿蚁新醅酒，红泥小火炉。晚来天欲雪，能饮一杯无？”

后记

和节气的无数次约会

时间过得真快，距《时间之书》的写作已经十年了。自2015年开始写作二十四节气，次年，我们的二十四节气申遗成功，节气文化流行开来，至今方兴未艾。

回过头看，我把节气时间跟人的品格发展相联结，起到了一个开拓性的作用。不少读者反映，没想到节气时间仍有这么强大的生命力，仍有这么多的信息值得现代人读取。这些年来，从政府相关部门、地方街道，到各大新闻平台、自媒体，都在进行节气文化建设。每隔十天半个月，节气的影像、图片和相关文字都提醒我们，自然世界有告别，有新生，连带人间社会有比兴，有风雅。

节气究竟是什么？现代人多能记诵，春雨惊春清谷天，夏满芒夏暑相连……人们说二十四节气，有反映季节的，立春、立夏、立秋、立冬；有反映太阳高度的，春分、秋分、夏至、冬至；有反映降水的，雨水、谷雨、小雪、大雪；有反映作物成熟的，小满、芒种；有反映自然物候现象的，惊蛰、清明；有反映气温变化和冷热程度的，白露、寒露、霜降、小暑、大暑、处暑、小寒、大寒。

理解二十四节气还有很多角度，比如用“天、地、人”的整体性来理解。天之气表现为阴阳寒暑，寒暑之极就是夏至、冬至，阴阳相和就是春分、秋分。但天气要影响并转化为地气，一般需要一个月左右的时间，故两分两至之后，就是大地上的降水、冷暖和物候。地气再影响并转化为人气，即为我们身心接受到天地的消息并有所觉知，还需要半个月左右的时间。

比如冬至一阳生，这种天之阳气经一个半月的四十五天左右，在人体内真正阳气生发的时空点即为立春，或者说人们在立春时真正感受到了阳气的生发来临；春分的阴阳平衡天气，阳气将胜过阴气，要经一个半月的四十五天左右，在立夏节气时才为人们真正感受到；夏至一阴生，这种天之阴气在一个半月后的立秋，在人体内真正发生；而秋分的阴阳平衡天气，阴气将胜过阳气，要经一个半月左右，在立冬节气时为人们感受到。这个天地之气跟人的感应的时间节点就是人们常说的四时八节，四立和两分两至的八大节气。

换句话说，春夏秋冬的两分两至四个节气是反映天气的，春夏秋冬的四立四个节气是反映人气的，其他十六个节气是反映地气的。对人来说，只要记住立春、立夏、立秋、立冬，就能明白，一年四季是何等诚信地跟人类有一个庄严而利乐的约定。

因此，节气时间的现代意义还有待我们做更多的展开。

只有在“天、地、人”中理解节气，我们才清楚，个体生命在学校、社会、单位、公司等各类体制之外，还有重要的存在样态，跟天文地理相关，跟天道、地道相关。在天之道，曰阴曰阳，是立春和立秋告诉我们，阴阳之气自天而降，经四十五天左右，在我们身体内立足并生发开来。在地之道，曰刚曰柔，是霜降、小寒、大寒告诉我们环境的刚硬，是雨水、谷雨、小雪、大雪等节气告诉我们大地的柔软。在预制菜、反季节菜进入宅民或学子的生活中时，是小满、小雪等节气让我们品尝到大地上粮食的谷气和蔬菜的自然气息。在人之道，曰仁曰义，在冬至带来的极端天气之后，立春让我们茂育万物；在夏至带来的极端天气之后，立秋让我们作事谋始而能致命遂志；同样地，在春分、秋分的阴阳平衡来临之后，立夏让我们辅相天地之宜，立冬让我们观天地万物之情。

日月相推而明生焉，寒暑相推而岁成焉。我们年复一年地奋斗，如果能够把觉知投入到节气时间中去，而不只是被毕业季、开学季、上班高峰时间、假期等裹挟绑架，我们的生命状态会更有意义。这是剥离社会异化而返璞归真的状态，是消除内卷和焦虑，回归自然，参赞天地化育的状态。

我在《给孩子的时间之书》中，把节气跟人的“眼耳鼻舌身意”感官相结合，让不少人觉得耳目一新。2 月的立春让人眼见为虚，见到天地间的绿意；雨水让人眼见为实，见到自然界的资源优势。8 月的立秋让人眼界打开，见一叶落知天下秋；处暑让人看见，在繁华中看见人生的归处。3 月的惊蛰让人耳听虚处，于无声处听惊雷，听见天地的发令枪；春分让人耳听实处，听见世间春耕春种的消息。9 月的白露让人听见，听见启蒙的声音；秋分让人听见，听见寻找新家园的呼声。还有 4 月、10 月的嗅觉，5 月、11 月的味觉，6 月、12 月的触觉，7 月、1 月的意志。

每个人都跟节气时间有约，节气给每个人的身心都安排有年复一年的感觉盛宴。感官的经验告诉我们，上半年的世界是打开状态的，色彩、声音、味道等都在壮盛发展，当是时也，“阳春召我以烟景，大块假我以文章”。下半年的世界是收缩状态的，色声香味触法等都在关闭之中，当是时也，“落霞与孤鹜齐飞，秋水共长天一色”。在极端天气到来之际，在炎热的日子里，我们回到内心，明白心静自然凉的消夏法则；在严寒的日子里，我们回到内心，知道动则生阳的猫冬法则。

我在《一个人的世界史》中摘录过美国哲学家乔治·桑塔亚纳的故事：1912 年 4 月，桑塔亚纳教授在哈佛大学讲哲学课，其间，一只知更鸟飞落在教室窗台不停欢叫，教授停下讲课打量小鸟，那是一只蓝知更鸟，俊俏机灵，令人陶醉。桑塔亚纳教授凝视许久，转向学生轻声抱歉说：“对不起诸位，失陪了，我与春天有一个约会。”桑塔亚纳说完，就走出教室，从此放弃二十三年的哈佛大学教职。随后他游历西班牙、英国、法国和意大利等世界各地四十年，直到1952年逝世于罗马，享年八十九岁。

这个跟春天约会的哲人说："我们必须为最美好的事物献身。只有美，不管它是物质的、智慧的，还是精神的美，都具有使事物臻于完美的力量。"在科技昌明的时代，我们固然有内卷、有焦虑，但自然还在时时提醒，我们每个人都跟节气有无数次的约会。

在《时间之书》的新版印行之际，我要特别感谢果麦的路金波先生，是他发现了我杂多著作中的时间主题，经过他的精心策划，"时间之书"知识IP不仅跟我们文化的生活习俗联结，也跟我们文化的历史和人物相联结，从而显得更加丰富厚重。我还要感谢我的太太余玲，她这些年辛苦地打理着家庭和我的生活。当然，还要感谢老树画画、何寅等人，感谢李静、邵蕊蕊、赵凌云、余江江等人为本书付出的心血，感谢无数读者的分享。我们都在拓展自己的人生时间。

2024.10

【全书完】

篇章“二十四节气”

余世存书法作品

余世存

知名学者，作家，诗人。

湖北随州人，现居北京。毕业于北京大学中文系。曾任《战略与管理》执行主编。被称为“当代中国最富有思想冲击力、最具有历史使命感和知识分子气质的思想者之一”。近年来致力于研究中国人的时间文化，“时间之书”系列已成为百万级传统文化通识 IP。

已出版《非常道》《老子传》《家世》《自省之书》《大时间：重新发现易经》《时间之书》《节日之书》《打开金刚经的世界》等二十余部专著。

其中：

《非常道》获国家图书馆第二届文津图书奖推荐图书；

《时间之书》获国家图书馆第十三届文津图书奖推荐图书；

《节日之书》获国家图书馆第十五届文津图书奖推荐图书。

“余世存”视频号

“余世存”抖音号

“余世存”微信公众号

时间之书

作者 _ 余世存　绘图 _ 老树画画

产品经理 _ 邵蕊蕊 赵凌云　特约策划 _ 余江江　产品统筹 _ 李静
装帧设计 _ 达克兰 朱镜霖　技术编辑 _ 陈皮　执行印制 _ 刘淼　策划人 _ 路金波

营销团队 _ 闫冠宇 杨喆 刘雨稀　物料设计 _ 孙莹

鸣谢

余玲

以 微 小 的 力 量 推 动 文 明

图书在版编目（CIP）数据

时间之书 / 余世存著. -- 天津 : 天津古籍出版社, 2024. 12（2025.3重印）. -- ISBN 978-7-5528-1489-7

I. P462-49

中国国家版本馆CIP数据核字第2024BJ3936号

时间之书

SHIJIAN ZHI SHU

产品经理：邵蕊蕊　赵凌云
特约策划：余江江
责任编辑：金　达
内文插图：老树画画
装帧设计：达克兰　朱镜霖

出版发行：天津古籍出版社
天津市和平区西康路35号
印　　刷：北京盛通印刷股份有限公司
经　　销：全国新华书店发行
版　　次：2024年12月第1版　2025年3月第3次印刷
印　　数：15,001–25,000
开　　本：880mm × 1230mm　1/32
印　　张：9.25
字　　数：170千字
定　　价：88.00元